Generis
PUBLISHING

AF582067

# INTERPOLACION NUMERICA EN PROYECTOS DE TITULACION DE INGENIERIA AMBIENTAL

*Dr. Humberto Rubí Juárez*

Title: **INTERPOLACION NUMERICA EN PROYECTOS DE TITULACION DE INGENIERIA AMBIENTAL**

ISBN: 979-8-89248-800-6

Author: Dr. Humberto Rubí Juárez

Cover image: www.pixabay.com

Publisher: Generis Publishing
Online orders: www.generis-publishing.com
Contact email: info@generis-publishing.com

# INTERPOLACION NUMERICA EN PROYECTOS DE TITULACION DE INGENIERIA AMBIENTAL

# INDICE

# 1. Introducción

La formación académica, una vez que se alcanza el estatus de graduado universitario, tiene importancia para la consecución de un trabajo laboral. La perspectiva que se tiene desde la propia experiencia en, por lo menos, tres instituciones de educación superior indican que los estudiantes pretenden cursar una carrera justamente con el objetivo final de ser contratados en el sector industrial, claro exceptuando las que intrínsecamente son teóricamente puristas como licenciatura en matemáticas.

La nota que se resalta en los términos acostumbrados aquí es la equivalencia en, por ejemplo, carrera en ingeniería ambiental, licenciatura en ingeniería ambiental o simplemente ingeniería ambiental, especialmente para evitar el uso reiterado de las mismas palabras en la expresión oral o escrita.

Las universidades o institutos coincidirán en algún porcentaje, quizá aventurándose un poco y al mismo tiempo reteniendo una propuesta conservadora que obedece a la experiencia, superior al 75% en las asignaturas atinentes a los primeros semestres, por lo menos en contenido. Generalmente se podría esperar que los primeros tres semestres consecutivos mantienen ese patrón. Las denominadas tronco común.

A partir de esa instancia el enfoque de las instituciones educativas nivel superior es característico. Por lo tanto, hay desemejanzas entre las materias de diferentes carreras y notándose aún en las mismas carreras ofertadas por cada una de ellas. Los niveles básico, avanzado e intermedio, situado entre los dos primeros, conforman los "bloques" de la UACJ.

El avanzado destaca, por percepción del autor, en la denominada proyecto de titulación que se ha planteado para dos semestres. La división que se espera como intuitiva abreviada es proyecto 1 y proyecto 2. En el primero hasta la metodología debe lograr documentarse por parte de los estudiantes, incluyendo fundamentación teórica y objetivos.

Una de las intenciones aparentes esta concebida de manera que el curso aprobado de esas asignaturas coincida con la culminación de los estudios de ingeniería ambiental. Los temas disponibles son múltiples atribuyéndose a las áreas de conocimiento que tiene el profesorado. El espectro, sin incursionar en abundancia pormenorizada de aspectos técnicos, comprende propuestas que requieren de codificación en lenguajes de programación, análisis de datos e imágenes u otros, hasta trabajo en laboratorio que se reporta a través de graficas o cantidades numéricas.

El tratamiento de agua es uno de los tópicos que demandan experimentación a pequeña escala en el ambiente universitario para producir valores de parámetros fisicoquímicos u otra índole. El registro de estos se lleva a cabo como porcentajes de remoción o concentraciones residuales que si se grafican contra el tiempo exhiben curvas, rectas o combinaciones de ambas mostrando una tendencia decreciente, al menos ese es el comportamiento esperado.

Los patrones así delineados por pares de datos, por ejemplo, eliminación o nivel residual contra tiempo se pueden ajustar mediante polinomios que se determinan con métodos numéricos específicos de interpolación.

El libro que el lector posee computa los coeficientes de cada termino o potencia acorde a siete procedimientos, cada uno con alcances particulares, para que se aprecie la práctica aplicada a resultados derivados de algunos proyectos de titulación que versan sobre tratamientos electroquímicos.

## 2. Tratamientos electroquímicos auxiliados con electrodos

El esfuerzo continuo de los seres humanos para depurar recursos hídricos de los que se ha servido ha dado lugar a los métodos de tratamiento de agua. Las numerosas opciones que hay para lograr los objetivos en los niveles o concentraciones de los parámetros según la normatividad aplicable develan la exhaustiva investigación que respalda a procesos u operaciones consolidados a escala real.

La interrogante que surge naturalmente es respecto al resto de esas alternativas ¿Qué sucede con ellas? La respuesta quizá más acertada se ciñe a una ocupación dirigida a la búsqueda constante de los medios tecnológicos que posibiliten el escalamiento viable surgido desde la experimentación en laboratorios.

Las tecnologías electroquímicas, como otras, se encuentran dentro de ese grupo en el que la dedicación esmerada para trasladarlas a un escenario de mayor capacidad ha representado un verdadero desafío. Por esa razón prevalece la abundancia de estudios a pequeña escala en condiciones más fácilmente controlables que conducen a publicaciones académicas y/o científicas.

Las dos que se van a considerar para la presente obra son electrocoagulación y electrooxidación, con equivalencias de coagulación y oxidación electroquímicas, respectivamente. La implementación en la forma básica de ambas requiere de los componentes comunes fuente de alimentación, cables, electrodos frecuentemente geometría rectangular, celda electroquímica similar a un paralelepípedo abierto en una de sus caras y agitación del agua.

La regeneración de aguas residuales, indistintamente de la operación unitaria o proceso al que se someta, estará predominantemente influenciado por pocas variables comprendidas dentro de un grupo mayor a pesar de que todas ellas puedan explorarse con propósitos de variación o extensión. Por ejemplo, en adsorción el tipo de adsorbente se espera que tenga alto impacto en la eficiencia.

En ese contexto, para las tecnologías electroquímicas asistidas con electrodos, el material electródico, tiempo de reacción, así como la densidad de corriente que es el cociente de la intensidad de corriente dividida por el área superficial del electrodo, son parámetros muy decisivos para abatir la materia orgánica, inorgánica o suspendida contenida en el agua. Por lo tanto, esas 3 variables son tomadas en cuenta en el extracto de los pares de datos, aunadas en caso necesario, para una mejor contextualización, pH inicial u otras.

El leyente podrá considerar los valores tabulados designando el parámetro que se indique en el eje "y" contra el tiempo en el eje "x" para visualizar la gráfica. La sección referida es "*6. Práctica con datos originados en proyectos de titulación*" en la que se encontrarán 7 estudios diferentes que extraen exclusivamente una corrida experimental de un solo parámetro.

# 3. Interpolación en métodos numéricos

Los tópicos de ingeniería poseen intrínsecamente un desafío en el fundamento formativo de los educandos específicamente en los primeros semestres. Los programas muy numerosos, similarmente a la gran cantidad de áreas exploradas por el hombre para aprovechamiento, demandan de conocimiento en ciencias básicas, al menos la mayoría, con mayor o menor escudriñamiento.

Los ejemplos muy probablemente constatados por intuición o verificación son ingeniería química, ingeniería civil, ingeniería electrónica, ingeniería mecatrónica, ingeniería ambiental, entre otras. Las esenciales alusivas a estos parágrafos son química, física y matemáticas. Al mismo tiempo como se mencionó que el grado de puntualización es variable dependiendo del requerimiento demandado en las asignaturas posteriores.

A título ilustrativo legislación ambiental no exige comprensión de ecuaciones diferenciales parciales. El dilema se presenta justo bajo esta examinación ¿el estudiante debería contar con nociones de ese tema o debería ser un experto? ¿la única justificación para serlo se atañe a la motivación que impone el interés personal? ¿hay garantías de que en algún momento sea vital o simplemente conveniente tener esa preparación?

La respuesta evidentemente no es única, sin embargo, es el conjunto de saberes en tópicos puntuales los que permiten obtener resultados o resolver cuestionamientos excluyentes de vastos conocimientos distribuidos en numerosos temas de una misma rama de alguna ciencia. La nota aclaratoria correspondería a ciencias físicas y la rama mecánica de fluidos.

Particularizando en lo que se refiere a nuestro asunto métodos de interpolación como Newton hacia adelante, Newton hacia atrás, así como los comunes fundamentados en una diferencia central son examinados. La interpolación se utiliza para encontrar el valor correlacionado en el eje y partiendo del conocido o propuesto en el eje X. La intuición revela que cada método tiene condiciones preferentes o restricciones estrictas inherentes que se expresarán posteriormente.

La intención es que los estudiantes puedan realizar un procedimiento sustentado en los ejercicios ejecutados, relativos a tratamientos electroquímicos electrocoagulación y electrooxidación, para adecuarlos a sus propios intereses o necesidades cuando les sea requerido.

Los polinomios interpoladores estructurados en la sección referida como "*6. Práctica con datos originados en proyectos de titulación*" pueden ser examinados con propósito exploratorio por parte del lector, si así lo desea, utilizando propuestas de tiempo en el eje "x" comprendidas dentro del intervalo de números situados en la columna izquierda de las tablas, lo que permitirá encontrar su respectivo en el eje "y".

## 4. Diferencias finitas

El procedimiento cardinal, como la propia terminología lo manifiesta, consiste en la sustracción o resta de dos números reales. La ordenación de las cantidades es también muy relevante.

En una secuencia natural donde habrá un arreglo designado desde $\mathbf{x_0}$ hasta $\mathbf{x_n}$ con sus correspondientes $\mathbf{y_0}$ hasta $\mathbf{y_n}$ el registro con el subíndice mayor será el minuendo, mientras que el menor permanecerá como el sustraendo, sin importar el signo de la cantidad resultante. Por ejemplo: $y_1 = 5$, $y_0 = 3$ entonces la diferencia $y_1 - y_0 = 2$; o bien, $y_1 = 1$, $y_0 = 4$ produce $y_1 - y_0 = -3$.

Una vez que se ha esclarecido la operación básica de resta que sustenta a todos los métodos que se referirán en las siguientes páginas primero se analizará la notación elemental de las diferencias hacia adelante, hacia atrás y centrales.

La estructuración común se asiste de tablas en las que se coloca el resultado de las diferencias, o simplemente las diferencias, con un distintivo visual preferido por el que la realice y después seleccionando algunas de ellas que se ocupan, directamente o promediadas, como coeficientes de un polinomio para la fórmula de cada método.

### 4.1. Diferencias hacia adelante

El símbolo diferenciador es la letra del alfabeto griego "delta" Δ indexado como se ilustra para las diferencias hacia delante de primer orden:

$$\Delta y_0 = y_1 - y_0$$

$$\Delta y_1 = y_2 - y_1$$

$$\Delta y_2 = y_3 - y_2$$

Continuando:

$$\Delta y_{j-1} = y_j - y_{j-1}$$

El contador desde j = 1

Las diferencias hacia adelante de segundo orden proceden similarmente:

$$\Delta^2 y_0 = \Delta y_1 - \Delta y_0$$

$$\Delta^2 y_1 = \Delta y_2 - \Delta y_1$$

$$\Delta^2 y_2 = \Delta y_3 - \Delta y_2$$

Globalizando:

$$\Delta^2 y_{j-1} = \Delta y_j - \Delta y_{j-1}$$

Los órdenes ulteriores semejantes orientarían la nomenclatura:

$$\Delta^n y_{j-1} = \Delta^{n-1} y_j - \Delta^{n-1} y_{j-1}$$

Nuevamente partiendo desde j = 1

La tabla para siete pares de datos, escogida debido a algunos ejercicios venideros, constituida:

**Tabla de diferencias hacia adelante**

| x | y | Δy | $\Delta^2$y | $\Delta^3$y | $\Delta^4$y | $\Delta^5$y | $\Delta^6$y |
|---|---|---|---|---|---|---|---|
| $x_0$ | $y_0$ | $\Delta y_0 = y_1 - y_0$ | $\Delta y_1 - \Delta y_0$ | $\Delta^2 y_1 - \Delta^2 y_0$ | $\Delta^3 y_1 - \Delta^3 y_0$ | $\Delta^4 y_1 - \Delta^4 y_0$ | $\Delta^5 y_1 - \Delta^5 y_0$ |
| $x_1$ | $y_1$ | $\Delta y_1 = y_2 - y_1$ | $\Delta y_2 - \Delta y_1$ | $\Delta^2 y_2 - \Delta^2 y_1$ | $\Delta^3 y_2 - \Delta^3 y_1$ | $\Delta^4 y_2 - \Delta^4 y_1$ | |
| $x_2$ | $y_2$ | $\Delta y_2 = y_3 - y_2$ | $\Delta y_3 - \Delta y_2$ | $\Delta^2 y_3 - \Delta^2 y_2$ | $\Delta^3 y_3 - \Delta^3 y_2$ | | |
| $x_3$ | $y_3$ | $\Delta y_3 = y_4 - y_3$ | $\Delta y_4 - \Delta y_3$ | $\Delta^2 y_4 - \Delta^2 y_3$ | | | |
| $x_4$ | $y_4$ | $\Delta y_4 = y_5 - y_4$ | $\Delta y_5 - \Delta y_4$ | | | | |
| $x_5$ | $y_5$ | $\Delta y_5 = y_6 - y_5$ | | | | | |
| $x_6$ | $y_6$ | | | | | | |

## 4.2. Diferencias hacia atrás

La terminología define a la letra griega "delta" invertida concordante con la insignia del operador nabla $\nabla$, por lo que las diferencias hacia atrás de primer orden:

$$\nabla y_1 = y_1 - y_0$$

$$\nabla y_2 = y_2 - y_1$$

$$\nabla y_3 = y_3 - y_2$$

Prosiguiendo:

$$\nabla y_j = y_j - y_{j-1}$$

Inicializando desde j = 1

Las diferencias hacia atrás de segundo orden persisten análogamente:

$$\nabla^2 y_2 = \nabla y_2 - \nabla y_1$$

$$\nabla^2 y_3 = \nabla y_3 - \nabla y_2$$

$$\nabla^2 y_4 = \nabla y_4 - \nabla y_3$$

Generalizando:

$$\nabla^2 y_j = \nabla y_j - \nabla y_{j-1}$$

Partiendo desde j = 2

Los órdenes subsecuentes semejantes orquestan la proposición:

$$\nabla^n y_j = \nabla^{n-1} y_j - \nabla^{n-1} y_{j-1}$$

La tabla para siete pares de datos, propuesta debido a algunos ejercicios próximos, compuesta:

**Tabla de diferencias hacia atrás**

| X | y | ∇y | $\nabla^2$y | $\nabla^3$y | $\nabla^4$y | $\nabla^5$y | $\nabla^6$y |
|---|---|---|---|---|---|---|---|
| $x_0$ | $y_0$ | | | | | | |
| $x_1$ | $y_1$ | $\nabla y_1=y_1-y_0$ | | | | | |
| $x_2$ | $y_2$ | $\nabla y_2=y_2-y_1$ | $\nabla y_2-\nabla y_1$ | | | | |
| $x_3$ | $y_3$ | $\nabla y_3=y_3-y_2$ | $\nabla y_3-\nabla y_2$ | $\nabla^2 y_3-\nabla^2 y_2$ | | | |
| $x_4$ | $y_4$ | $\nabla y_4=y_4-y_3$ | $\nabla y_4-\nabla y_3$ | $\nabla^2 y_4-\nabla^2 y_3$ | $\nabla^3 y_4-\nabla^3 y_3$ | | |
| $x_5$ | $y_5$ | $\nabla y_5=y_5-y_4$ | $\nabla y_5-\nabla y_4$ | $\nabla^2 y_5-\nabla^2 y_4$ | $\nabla^3 y_5-\nabla^3 y_4$ | $\nabla^4 y_5-\nabla^4 y_4$ | |
| $x_6$ | $y_6$ | $\nabla y_6=y_6-y_5$ | $\nabla y_6-\nabla y_5$ | $\nabla^2 y_6-\nabla^2 y_5$ | $\nabla^3 y_6-\nabla^3 y_5$ | $\nabla^4 y_6-\nabla^4 y_5$ | $\nabla^5 y_6-\nabla^5 y_5$ |

## 4.3. Diferencias centrales

La singularidad que poseen es la de situar la anotación ubicándola justo en el intermedio entre dos números consecutivos iniciando a partir del primer par, $\mathbf{x_0} - \mathbf{y_0}$. La designación se realiza con la letra minúscula "$\delta$" sugiriendo espontáneamente:

$$\delta y_{1/2} = y_{1/2+1/2} - y_{1/2-1/2}$$

$$\delta y_{3/2} = y_{3/2+1/2} - y_{3/2-1/2}$$

$$\delta y_{5/2} = y_{5/2+1/2} - y_{5/2-1/2}$$

Extendiéndolo:

$$\delta y_j = y_{j+1/2} - y_{j-1/2}$$

Principiando desde j = ½

Las diferencias centrales de segundo orden surgen de manera parecida:

$$\delta^2 y_1 = \delta y_{1+1/2} - \delta y_{1-1/2}$$

$$\delta^2 y_2 = \delta y_{2+1/2} - \delta y_{2-1/2}$$

$$\delta^2 y_3 = \delta y_{3+1/2} - \delta y_{3-1/2}$$

Adecuando para repeticiones:

$$\delta^2 y_j = \delta y_{j+1/2} - \delta y_{j-1/2}$$

Los órdenes consecutivos similares dirigen el apuntamiento:

$$\delta^n y_j = \delta^{n-1} y_{j+1/2} - \delta^{n-1} y_{j-1/2}$$

Recordando que j = ½

La tabla para siete pares de datos, planteada en virtud de algunos ejercicios efectuados, integrada:

**Tabla de diferencias centrales ($\delta^n y_j$)**

| X | Y | δy | δ²y | δ³y | δ⁴y | δ⁵y | δ⁶y |
|---|---|---|---|---|---|---|---|
| $x_0$ | $y_0$ | | | | | | |
| | | $\delta y_{1/2}$ | | | | | |
| $x_1$ | $y_1$ | | $\delta^2 y_1$ | | | | |
| | | $\delta y_{3/2}$ | | $\delta^3 y_{3/2}$ | | | |
| $x_2$ | $y_2$ | | $\delta^2 y_2$ | | $\delta^4 y_2$ | | |
| | | $\delta y_{5/2}$ | | $\delta^3 y_{5/2}$ | | $\delta^5 y_{5/2}$ | |
| $x_3$ | $y_3$ | | $\delta^2 y_3$ | | $\delta^4 y_3$ | | $\delta^6 y_3$ |
| | | $\delta y_{7/2}$ | | $\delta^3 y_{7/2}$ | | $\delta^5 y_{7/2}$ | |
| $x_4$ | $y_4$ | | $\delta^2 y_4$ | | $\delta^4 y_4$ | | |
| | | $\delta y_{9/2}$ | | $\delta^3 y_{9/2}$ | | | |
| $x_5$ | $y_5$ | | $\delta^2 y_5$ | | | | |
| | | $\delta y_{11/2}$ | | | | | |
| $x_6$ | $y_6$ | | | | | | |

**Tabla de diferencias centrales ($\delta^{n-1}y_{j+1/2} - \delta^{n-1}y_{j-1/2}, \mathit{desde}\ j = 1/2\ \mathit{horizontal}$)**

| x | y | δy | δ²y | δ³y | δ⁴y | δ⁵y | δ⁶y |
|---|---|---|---|---|---|---|---|
| $x_0$ | $y_0$ | | | | | | |
| | | $y_1 - y_0$ | | | | | |
| $x_1$ | $y_1$ | | $\delta y_{3/2} - \delta y_{1/2}$ | | | | |
| | | $y_2 - y_1$ | | $\delta^2 y_2 - \delta^2 y_1$ | | | |
| $x_2$ | $y_2$ | | $\delta y_{5/2} - \delta y_{3/2}$ | | $\delta^3 y_{5/2} - \delta^3 y_{3/2}$ | | |
| | | $y_3 - y_2$ | | $\delta^2 y_3 - \delta^2 y_2$ | | $\delta^4 y_3 - \delta^4 y_2$ | |
| $x_3$ | $y_3$ | | $\delta y_{7/2} - \delta y_{5/2}$ | | $\delta^3 y_{7/2} - \delta^3 y_{5/2}$ | | $\delta^5 y_{7/2} - \delta^5 y_{5/2}$ |
| | | $y_4 - y_3$ | | $\delta^2 y_4 - \delta^2 y_3$ | | $\delta^4 y_4 - \delta^4 y_3$ | |
| $x_4$ | $y_4$ | | $\delta y_{9/2} - \delta y_{7/2}$ | | $\delta^3 y_{9/2} - \delta^3 y_{7/2}$ | | |
| | | $y_5 - y_4$ | | $\delta^2 y_5 - \delta^2 y_4$ | | | |
| $x_5$ | $y_5$ | | $\delta y_{\frac{11}{2}} - \delta y_{\frac{9}{2}}$ | | | | |
| | | $y_6 - y_5$ | | | | | |
| $x_6$ | $y_6$ | | | | | | |

# 5. Fórmulas de interpolación polinómica con diferencias finitas

Después de la exposición de las diferencias finitas en el apartado precedente amerita introducir las expresiones que serán invocadas recurrentemente para adaptarlas a la información numérica tabulada. Los polinomios conseguidos en "*6. Práctica con datos originados en proyectos de titulación*" confirman la conclusión del método planteado para cada uno de los 7 estudios elegidos. Los que se tomarán en cuenta son:

1) Interpolación de Newton hacia adelante
2) Interpolación de Newton hacia atrás
3) Fórmulas de interpolación de diferencia central
   a) Fórmula de Gauss hacia adelante
   b) Fórmula de Gauss hacia atrás
   c) Fórmula de Stirling
   d) Fórmula de Bessel
   e) Fórmula de Laplace–Everett

## 5.1. Diferencias finitas

Interpolación de Newton hacia adelante

$$f(x) = y_0 + u\frac{\Delta y_0}{1!} + u(u-1)\frac{\Delta^2 y_0}{2!} + u(u-1)(u-2)\frac{\Delta^3 y_0}{3!} + \cdots$$

$$u = \frac{x - x_0}{h}$$

Interpolación de Newton hacia atrás

$$f(x) = y_n + u\frac{\nabla y_n}{1!} + u(u+1)\frac{\nabla^2 y_n}{2!} + u(u+1)(u+2)\frac{\nabla^3 y_n}{3!} + \cdots$$

$$u = \frac{x - x_n}{h}$$

## 5.2. Diferencias finitas centradas

Interpolación de Gauss hacia adelante

$$f(x) = y_0 + u\Delta y_0 + u(u-1)\frac{\Delta^2 y_{-1}}{2!} + u(u-1)(u+1)\frac{\Delta^3 y_{-1}}{3!}$$

$$+ u(u-1)(u-2)(u+1)\frac{\Delta^4 y_{-2}}{4!}$$

$$u = \frac{x - x_0}{h}$$

Interpolación de Gauss hacia atrás

$$f(x) = y_0 + u\Delta y_{-1} + u(u+1)\frac{\Delta^2 y_{-1}}{2!} + u(u+1)(u-1)\frac{\Delta^3 y_{-2}}{3!}$$

$$+ u(u+2)(u+1)(u-1)\frac{\Delta^4 y_{-2}}{4!}$$

$$u = \frac{x - x_0}{h}$$

Interpolación de Stirling

$$f(x) = y_0 + \frac{u}{1!}\left(\frac{\Delta y_0 + \Delta y_{-1}}{2}\right) + \frac{u^2}{2!}\Delta^2 y_{-1} + \frac{u(u^2-1^2)}{3!}\left(\frac{\Delta^3 y_{-1} + \Delta^3 y_{-2}}{2}\right)$$

$$+ \frac{u^2(u^2-1^2)}{4!}\Delta^4 y_{-2} + \frac{u(u^2-1^2)(u^2-2^2)}{5!}\left(\frac{\Delta^5 y_{-2} + \Delta^5 y_{-3}}{2}\right)$$

Interpolación de Bessel

$$f(x) = \frac{y_0 + y_1}{2} + \left(u - \frac{1}{2}\right)\Delta y_0 + \frac{u(u-1)}{2!}\frac{(\Delta^2 y_{-1} + \Delta^2 y_0)}{2}$$

$$+ \frac{u\left(u - \frac{1}{2}\right)(u-1)}{3!}\Delta^3 y_{-1} + \frac{u(u+1)(u-1)(u-2)}{4!}\frac{(\Delta^4 y_{-1} + \Delta^4 y_{-2})}{2}$$

$$+ \frac{u\left(u - \frac{1}{2}\right)(u+1)(u-1)(u-2)}{5!}\Delta^5 y_{-2}$$

Interpolación de Laplace–Everett

$$f(x) = vy_0 + \frac{v(v^2 - 1^2)}{3!}\Delta^2 y_{-1} + \frac{v(v^2 - 1^2)(v^2 - 2^2)}{5!}\Delta^4 y_{-2} + uy_1$$

$$+ \frac{u(u^2 - 1^2)}{3!}\Delta^2 y_0 + \frac{u(u^2 - 1^2)(u^2 - 2^2)}{5!}\Delta^4 y_{-1}$$

$$v = 1 - u$$

*Comentario:* las diferencias de cuadrados se pueden expandir según los productos notables como una alternativa.

## 6. Práctica con datos originados en proyectos de titulación

La mención de la oración en el título, en por lo menos un par de fragmentos de la obra, ha reiterado la significancia de los métodos de interpolación que se utilizarán con los resultados o datos generados en una secuencia de experimentos sujeta a un limitado conjunto de condiciones.

La prueba se realiza acomodando los componentes para integrar la unidad de depuradora de líquido acuoso servido. La conformación más simple en modo intermitente se justifica para la examinación de la remoción de materia suspendida, coloidal o disuelta que se advierta como contaminante porque afecta las características iniciales del agua.

Las variables esenciales, así como preponderantes en investigaciones de esta naturaleza, independientemente de la persona entendida e interesada en los temas electroquímicos asistidos por electrodos, son la densidad de corriente y el tiempo de electrólisis o reacción.

La captación de las muestras para medición de algún parámetro particular fue favorecida para nuestro propósito puesto que estrictamente se llevó a cabo a intervalos iguales de tiempo, lo que coincide con el concepto equiespaciados que demandan las fórmulas polinómicas.

Los siete temas seleccionados no poseen alguna peculiaridad especial. La desemejanza reside en el numero de recolecciones efectuadas, 7 o 5, además del lapso temporal de 60 o 90 minutos. La frecuencia cambió precisamente debido a la duración total de las corridas.

Por otra parte, la coincidencia que tienen yace en los parámetros que se han registrado en la columna derecha de las tablas. El grupo solamente acoge turbiedad, color y demanda química de oxígeno, abreviada como DQO. Ninguno diferente a estos aparecerá con el propósito de atender a la simplicidad de los análisis fisicoquímicos.

En la siguiente página comienza la descripción con el titulo del proyecto, material electródico, parámetro y densidad de corriente empleada, a menos que se haya añadido información enriquecedora como el pH u otra.

Tratamiento de agua residual proveniente del lavado de piezas metálicas de una empresa metalmecánica por medio de electrocoagulación[1]

Electrodo: Aluminio

Parámetro: Color aparente

Densidad de corriente: 10 mA/cm$^2$

***Interpolación de Newton hacia adelante***

| Tiempo (min) | Color UPC |
|---|---|
| 0 | 1000 |
| 10 | 700 |
| 20 | 820 |
| 30 | 900 |
| 40 | 970 |
| 50 | 1050 |
| 60 | 1350 |

| X | 0 | 10 | 20 | 30 | 40 | 50 | 60 |
|---|---|---|---|---|---|---|---|
| Y | 1000 | 700 | 820 | 900 | 970 | 1050 | 1350 |

| X | Y | Δy | $\Delta^2$y | $\Delta^3$y | $\Delta^4$y | $\Delta^5$y | $\Delta^6$y |
|---|---|---|---|---|---|---|---|
| 0 | 1000 | -300 | 420 | -460 | 490 | -500 | 700 |
| 10 | 700 | 120 | -40 | 30 | -10 | 200 | |
| 20 | 820 | 80 | -10 | 20 | 190 | | |
| 30 | 900 | 70 | 10 | 210 | | | |
| 40 | 970 | 80 | 220 | | | | |
| 50 | 1050 | 300 | | | | | |
| 60 | 1350 | | | | | | |

$$f(x) = y_0 + u\frac{\Delta y_0}{1!} + u(u-1)\frac{\Delta^2 y_0}{2!} + u(u-1)(u-2)\frac{\Delta^3 y_0}{3!}$$

$$+u(u-1)(u-2)(u-3)\frac{\Delta^4 y_0}{4!} + u(u-1)(u-2)(u-3)(u-4)\frac{\Delta^5 y_0}{5!}$$

$$+u(u-1)(u-2)(u-3)(u-4)(u-5)\frac{\Delta^6 y_0}{6!}$$

**Solución**

$$u = \frac{x - x_0}{h} = \frac{x - 0}{10} = \frac{x}{10}$$

$$f(x) = 1000 - 300\frac{x}{10} + \frac{420}{2}\frac{x}{10}\left(\frac{x}{10} - 1\right) - \frac{460}{6}\frac{x}{10}\left(\frac{x}{10} - 1\right)\left(\frac{x}{10} - 2\right)$$

$$+\frac{490}{24}\left(\frac{x}{10}\right)\left(\frac{x}{10} - 1\right)\left(\frac{x}{10} - 2\right)\left(\frac{x}{10} - 3\right)$$

$$-\frac{500}{120}\left(\frac{x}{10}\right)\left(\frac{x}{10} - 1\right)\left(\frac{x}{10} - 2\right)\left(\frac{x}{10} - 3\right)\left(\frac{x}{10} - 4\right)$$

$$+\frac{700}{720}\left(\frac{x}{10}\right)\left(\frac{x}{10} - 1\right)\left(\frac{x}{10} - 2\right)\left(\frac{x}{10} - 3\right)\left(\frac{x}{10} - 4\right)\left(\frac{x}{10} - 5\right)$$

$$f(x) = \frac{7}{7200000}x^6 - \frac{3}{16000}x^5 + \frac{521}{36000}x^4 - \frac{451}{800}x^3 + \frac{8203}{720}x^2 - \frac{401}{4}x + 1000$$

***Interpolación de Newton hacia atrás***

| X | Y | Δy | Δ²y | Δ³y | Δ⁴y | Δ⁵y | Δ⁶y |
|---|---|---|---|---|---|---|---|
| 0 | 1000 | | | | | | |
| 10 | 700 | -300 | | | | | |
| 20 | 820 | 120 | 420 | | | | |
| 30 | 900 | 80 | -40 | -460 | | | |
| 40 | 970 | 70 | -10 | 30 | 490 | | |
| 50 | 1050 | 80 | 10 | 20 | -10 | -500 | |
| 60 | 1350 | 300 | 220 | 210 | 190 | 200 | 700 |

$$f(x) = y_n + u\frac{\nabla y_n}{1!} + u(u+1)\frac{\nabla^2 y_n}{2!} + u(u+1)(u+2)\frac{\nabla^3 y_n}{3!}$$

$$+ u(u+1)(u+2)(u+3)\frac{\nabla^4 y_n}{4!} + u(u+1)(u+2)(u+3)(u+4)\frac{\nabla^5 y_n}{5!}$$

$$+ u(u+1)(u+2)(u+3)(u+4)(u+5)\frac{\nabla^6 y_n}{6!}$$

**Solución**

$$u = \frac{x - x_n}{h} = \frac{x - 60}{10}$$

$$f(x) = 1350 + 300\left(\frac{x-60}{10}\right) + \frac{220}{2}\left(\frac{x-60}{10}\right)\left(\frac{x-60}{10}+1\right)$$

$$+\frac{210}{6}\left(\frac{x-60}{10}\right)\left(\frac{x-60}{10}+1\right)\left(\frac{x-60}{10}+2\right)$$

$$+\frac{190}{24}\left(\frac{x-60}{10}\right)\left(\frac{x-60}{10}+1\right)\left(\frac{x-60}{10}+2\right)\left(\frac{x-60}{10}+3\right)$$

$$+\frac{200}{120}\left(\frac{x-60}{10}\right)\left(\frac{x-60}{10}+1\right)\left(\frac{x-60}{10}+2\right)\left(\frac{x-60}{10}+3\right)\left(\frac{x-60}{10}+4\right)$$

$$+\frac{700}{720}\left(\frac{x-60}{10}\right)\left(\frac{x-60}{10}+1\right)\left(\frac{x-60}{10}+2\right)\left(\frac{x-60}{10}+3\right)\left(\frac{x-60}{10}+4\right)\left(\frac{x-60}{10}+5\right)$$

$$f(x) = \frac{7}{7200000}x^6 - \frac{3}{16000}x^5 + \frac{521}{36000}x^4 - \frac{451}{800}x^3 + \frac{8203}{720}x^2 - \frac{401}{4}x + 1000$$

## INTERPOLACIONES DE DIFERENCIA CENTRAL

Valor central: $x_0 = 30$

***Gauss hacia adelante***

| X | Y | $\Delta y$ | $\Delta^2 y$ | $\Delta^3 y$ | $\Delta^4 y$ | $\Delta^5 y$ | $\Delta^6 y$ |
|---|---|---|---|---|---|---|---|
| 0 | 1000 | | | | | | |
| | | -300 | | | | | |
| 10 | 700 | | 420 | | | | |
| | | 120 | | -460 | | | |
| 20 | 820 | | -40 | | 490 | | |
| | | 80 | | 30 | | -500 | |
| 30 | 900 | | -10 | | -10 | | 700 |
| | | 70 | | 20 | | 200 | |
| 40 | 970 | | 10 | | 190 | | |
| | | 80 | | 210 | | | |
| 50 | 1050 | | 220 | | | | |
| | | 300 | | | | | |
| 60 | 1350 | | | | | | |

$$f(x) = y_0 + u\Delta y_0 + u(u-1)\frac{\Delta^2 y_{-1}}{2!} + (u-1)u(u+1)\frac{\Delta^3 y_{-1}}{3!}$$

$$+ (u+1)u(u-1)(u-2)\frac{\Delta^4 y_{-2}}{4!} + (u+2)(u+1)u(u-1)(u-2)\frac{\Delta^5 y_{-2}}{5!}$$

$$+ (u+2)(u+1)u(u-1)(u-2)(u-3)\frac{\Delta^6 y_{-3}}{6!}$$

**Solución**

$$u = \frac{x - x_0}{h} = \frac{x - 30}{10}$$

$$f(x) = 900 + 70\left(\frac{x-30}{10}\right) - \frac{10}{2}\left(\frac{x-30}{10}\right)\left(\frac{x-30}{10} - 1\right)$$

$$+\frac{20}{6}\left(\frac{x-30}{10} - 1\right)\left(\frac{x-30}{10}\right)\left(\frac{x-30}{10} + 1\right)$$

$$-\frac{10}{24}\left(\frac{x-30}{10} + 1\right)\left(\frac{x-30}{10}\right)\left(\frac{x-30}{10} - 1\right)\left(\frac{x-30}{10} - 2\right)$$

$$+\frac{200}{120}\left(\frac{x-30}{10} + 1\right)\left(\frac{x-30}{10} + 2\right)\left(\frac{x-30}{10}\right)\left(\frac{x-30}{10} - 1\right)\left(\frac{x-30}{10} - 2\right)$$

$$+\frac{700}{720}\left(\frac{x-30}{10} + 1\right)\left(\frac{x-30}{10} + 2\right)\left(\frac{x-30}{10}\right)\left(\frac{x-30}{10} - 1\right)\left(\frac{x-30}{10} - 2\right)\left(\frac{x-30}{10} - 3\right)$$

$$f(x) = \frac{7}{7200000}x^6 - \frac{3}{16000}x^5 + \frac{521}{36000}x^4 - \frac{451}{800}x^3 + \frac{8203}{720}x^2 - \frac{401}{4}x + 1000$$

Valor central: $x_0 = 30$

***Gauss hacia atrás***

| X | Y | Δy | $\Delta^2$y | $\Delta^3$y | $\Delta^4$y | $\Delta^5$y | $\Delta^6$y |
|---|---|---|---|---|---|---|---|
| 0 | 1000 | | | | | | |
| | | -300 | | | | | |
| 10 | 700 | | 420 | | | | |
| | | 120 | | -460 | | | |
| 20 | 820 | | -40 | | 490 | | |
| | | 80 | | 30 | | -500 | |
| 30 | 900 | | -10 | | -10 | | 700 |
| | | 70 | | 20 | | 200 | |
| 40 | 970 | | 10 | | 190 | | |
| | | 80 | | 210 | | | |
| 50 | 1050 | | 220 | | | | |
| | | 300 | | | | | |
| 60 | 1350 | | | | | | |

$$f(x) = y_0 + u\Delta y_{-1} + u(u+1)\frac{\Delta^2 y_{-1}}{2!} + (u+1)u(u-1)\frac{\Delta^3 y_{-2}}{3!}$$

$$+ (u+2)(u+1)u(u-1)\frac{\Delta^4 y_{-2}}{4!} + (u+2)(u+1)u(u-1)(u-2)\frac{\Delta^5 y_{-3}}{5!}$$

$$+ (u+3)(u+2)(u+1)u(u-1)(u-2)\frac{\Delta^6 y_{-3}}{6!}$$

**Solución**

$$u = \frac{x - x_0}{h} = \frac{x-30}{10}$$

$$f(x) = 900 + 80\left(\frac{x-30}{10}\right) - \frac{10}{2}\left(\frac{x-30}{10}\right)\left(\frac{x-30}{10}+1\right)$$

$$+\frac{30}{6}\left(\frac{x-30}{10}+1\right)\left(\frac{x-30}{10}\right)\left(\frac{x-30}{10}-1\right)$$

$$-\frac{10}{24}\left(\frac{x-30}{10}+2\right)\left(\frac{x-30}{10}+1\right)\left(\frac{x-30}{10}\right)\left(\frac{x-30}{10}-1\right)$$

$$-\frac{500}{120}\left(\frac{x-30}{10}+2\right)\left(\frac{x-30}{10}+1\right)\left(\frac{x-30}{10}\right)\left(\frac{x-30}{10}-1\right)\left(\frac{x-30}{10}-2\right)$$

$$+\frac{700}{720}\left(\frac{x-30}{10}+3\right)\left(\frac{x-30}{10}+2\right)\left(\frac{x-30}{10}+1\right)\left(\frac{x-30}{10}\right)\left(\frac{x-30}{10}-1\right)\left(\frac{x-30}{10}-2\right)$$

$$f(x) = \frac{7}{7200000}x^6 - \frac{3}{16000}x^5 + \frac{521}{36000}x^4 - \frac{451}{800}x^3 + \frac{8203}{720}x^2 - \frac{401}{4}x + 1000$$

Valor central: $x_0 = 30$

***Stirling***

| X | Y | Δy | $\Delta^2$y | $\Delta^3$y | $\Delta^4$y | $\Delta^5$y | $\Delta^6$y |
|---|---|---|---|---|---|---|---|
| 0 | 1000 | | | | | | |
| | | -300 | | | | | |
| 10 | 700 | | 420 | | | | |
| | | 120 | | -460 | | | |
| 20 | 820 | | -40 | | 490 | | |
| | | 80 | | 30 | | -500 | |
| 30 | 900 | | -10 | | -10 | | 700 |
| | | 70 | | 20 | | 200 | |
| 40 | 970 | | 10 | | 190 | | |
| | | 80 | | 210 | | | |
| 50 | 1050 | | 220 | | | | |
| | | 300 | | | | | |
| 60 | 1350 | | | | | | |

$$f(x) = y_0 + \frac{u}{1!}\left(\frac{\Delta y_0 + \Delta y_{-1}}{2}\right) + \frac{u^2}{2!}\Delta^2 y_{-1} + \frac{u(u^2-1^2)}{3!}\left(\frac{\Delta^3 y_{-1} + \Delta^3 y_{-2}}{2}\right)$$

$$+ \frac{u^2(u^2-1^2)}{4!}\Delta^4 y_{-2} + \frac{u(u^2-1^2)(u^2-2^2)}{5!}\left(\frac{\Delta^5 y_{-2} + \Delta^5 y_{-3}}{2}\right)$$

$$+ \frac{u^2(u^2-1^2)(u^2-2^2)}{6!}(\Delta^6 y_{-3})$$

**Solución**

$$u = \frac{x - x_0}{h} = \frac{x-30}{10}$$

$$f(x) = 900 + \left(\frac{70+80}{2}\right)\left(\frac{x-30}{10}\right) - \frac{10}{2}\left(\frac{x-30}{10}\right)^2$$

$$+ \left(\frac{20+30}{2}\right)\left(\frac{\left(\frac{x-30}{10}\right)\left(\left(\frac{x-30}{10}\right)^2 - 1^2\right)}{6}\right) - 10\left(\frac{\left(\frac{x-30}{10}\right)^2\left(\left(\frac{x-30}{10}\right)^2 - 1^2\right)}{24}\right)$$

$$+\left(\frac{200-500}{2}\right)\left(\frac{\left(\frac{x-30}{10}\right)\left(\left(\frac{x-30}{10}\right)^2-1^2\right)\left(\left(\frac{x-30}{10}\right)^2-2^2\right)}{120}\right)$$

$$+700\left(\frac{\left(\frac{x-30}{10}\right)^2\left(\left(\frac{x-30}{10}\right)^2-1^2\right)\left(\left(\frac{x-30}{10}\right)^2-2^2\right)}{720}\right)$$

$$f(x)=\frac{7}{7200000}x^6-\frac{3}{16000}x^5+\frac{521}{36000}x^4-\frac{451}{800}x^3+\frac{8203}{720}x^2-\frac{401}{4}x+1000$$

Valor central: $x_0 = 30$

***Bessel***

| X | Y | Δy | $\Delta^2$y | $\Delta^3$y | $\Delta^4$y | $\Delta^5$y | $\Delta^6$y |
|---|---|---|---|---|---|---|---|
| 0 | 1000 | | | | | | |
| | | -300 | | | | | |
| 10 | 700 | | 420 | | | | |
| | | 120 | | -460 | | | |
| 20 | 820 | | -40 | | 490 | | |
| | | 80 | | 30 | | -500 | |
| 30 | 900 | | -10 | | -10 | | 700 |
| | | 70 | | 20 | | 200 | |
| 40 | 970 | | 10 | | 190 | | |
| | | 80 | | 210 | | | |
| 50 | 1050 | | 220 | | | | |
| | | 300 | | | | | |
| 60 | 1350 | | | | | | |

$$f(x)=\frac{y_0+y_1}{2}+\left(u-\frac{1}{2}\right)\Delta y_0+\frac{u(u-1)}{2!}\frac{(\Delta^2 y_{-1}+\Delta^2 y_0)}{2}+\frac{u\left(u-\frac{1}{2}\right)(u-1)}{3!}\Delta^3 y_{-1}$$

$$+\frac{u(u+1)(u-1)(u-2)}{4!}\frac{(\Delta^4 y_{-1}+\Delta^4 y_{-2})}{2}+\frac{u\left(u-\frac{1}{2}\right)(u+1)(u-1)(u-2)}{5!}\Delta^5 y_{-2}$$

$$+\frac{u(u+1)(u+2)(u-1)(u-2)(u-3)}{6!}\frac{(\Delta^6 y_{-2}+\Delta^6 y_{-3})}{2}$$

**Solución**

$$u = \frac{x - x_0}{h} = \frac{x - 30}{10}$$

$$f(x) = \left(\frac{(900 + 970)}{2}\right) + 70\left(\frac{x - 30}{10} - \frac{1}{2}\right) + \left(\frac{(-10 + 10)}{2}\right)\left(\frac{\left(\frac{x - 30}{10}\right)\left(\frac{x - 30}{10} - 1\right)}{2}\right)$$

$$+ 20\left(\frac{\left(\frac{x - 30}{10}\right)\left(\frac{x - 30}{10} - \frac{1}{2}\right)\left(\frac{x - 30}{10} - 1\right)}{6}\right)$$

$$+ \frac{(-10 + 190)}{2}\left(\frac{\left(\frac{x - 30}{10}\right)\left(\frac{x - 30}{10} + 1\right)\left(\frac{x - 30}{10} - 1\right)\left(\frac{x - 30}{10} - 2\right)}{24}\right)$$

$$+ 200\left(\frac{\left(\frac{x - 30}{10}\right)\left(\frac{x - 30}{10} - \frac{1}{2}\right)\left(\frac{x - 30}{10} + 1\right)\left(\frac{x - 30}{10} - 1\right)\left(\frac{x - 30}{10} - 2\right)}{120}\right)$$

$$+ \frac{700}{2}\left(\frac{\left(\frac{x - 30}{10}\right)\left(\frac{x - 30}{10} + 1\right)\left(\frac{x - 30}{10} + 2\right)\left(\frac{x - 30}{10} - 1\right)\left(\frac{x - 30}{10} - 2\right)\left(\frac{x - 30}{10} - 3\right)}{720}\right)$$

$$f(x) = \frac{7}{14400000}x^6 - \frac{41}{480000}x^5 + \frac{859}{144000}x^4 - \frac{991}{4800}x^3 + \frac{2519}{720}x^2 - \frac{29}{2}x + 650$$

Valor central: $x_0 = 30$

***Laplace–Everett***

| X | Y | Δy | $\Delta^2$y | $\Delta^3$y | $\Delta^4$y | $\Delta^5$y | $\Delta^6$y |
|---|---|---|---|---|---|---|---|
| 0 | 1000 | | | | | | |
| | | -300 | | | | | |
| 10 | 700 | | 420 | | | | |
| | | 120 | | -460 | | | |
| 20 | 820 | | -40 | | 490 | | |
| | | 80 | | 30 | | -500 | |
| 30 | 900 | | -10 | | -10 | | 700 |
| | | 70 | | 20 | | 200 | |
| 40 | 970 | | 10 | | 190 | | |
| | | 80 | | 210 | | | |
| 50 | 1050 | | 220 | | | | |
| | | 300 | | | | | |
| 60 | 1350 | | | | | | |

$$f(x) = vy_0 + \frac{v(v^2-1^2)}{3!}\Delta^2 y_{-1} + \frac{v(v^2-1^2)(v^2-2^2)}{5!}\Delta^4 y_{-2}$$

$$+\frac{v(v^2-1^2)(v^2-2^2)(v^2-3^2)}{7!}\Delta^6 y_{-3} + uy_1$$

$$+\frac{u(u^2-1^2)}{3!}\Delta^2 y_0 + \frac{u(u^2-1^2)(u^2-2^2)}{5!}\Delta^4 y_{-1}$$

$$v = 1 - u$$

**Solución**

$$u = \frac{x - x_0}{h} = \frac{x-30}{10}$$

$$v = 1 - u = 1 - \frac{x-30}{10} = \frac{40-x}{10}$$

$$f(x) = \left(\frac{40-x}{10}\right)900 + \frac{\left(\frac{40-x}{10}\right)\left(\left(\frac{40-x}{10}\right)^2 - 1^2\right)}{6}(-10)$$

$$+\frac{\left(\frac{40-x}{10}\right)\left(\left(\frac{40-x}{10}\right)^2 - 1^2\right)\left(\left(\frac{40-x}{10}\right)^2 - 2^2\right)}{120}(-10)$$

$$+\frac{\left(\frac{40-x}{10}\right)\left(\left(\frac{40-x}{10}\right)^2-1^2\right)\left(\left(\frac{40-x}{10}\right)^2-2^2\right)\left(\left(\frac{40-x}{10}\right)^2-3^2\right)}{5040}(700)$$

$$+\left(\frac{x-30}{10}\right)970+\frac{\left(\frac{x-30}{10}\right)\left(\left(\frac{x-30}{10}\right)^2-1^2\right)}{6}(10)$$

$$+\frac{\left(\frac{x-30}{10}\right)\left(\left(\frac{x-30}{10}\right)^2-1^2\right)\left(\left(\frac{x-30}{10}\right)^2-2^2\right)}{120}(190)$$

$$y=-\frac{1}{7.2x10^7}x^7+\frac{7}{1.8x10^6}x^6-\frac{31}{72000}x^5+\frac{1777}{72000}x^4-\frac{5683}{7200}x^3+\frac{9967}{720}x^2-\frac{441}{4}x+1000$$

Electrooxidación de aguas residuales procedentes de lavado de trastes en cafetería del sector industrial[2]

Electrodo: Platino–paladio

Parámetro: Demanda química de oxígeno

Densidad de corriente: 5 mA/cm$^2$

***Interpolación de Newton hacia adelante***

| **Tiempo (min)** | **DQO mg/L** |
|---|---|
| 0 | 741 |
| 10 | 715 |
| 20 | 708 |
| 30 | 702 |
| 40 | 690 |
| 50 | 682 |
| 60 | 669 |

| X | 0 | 10 | 20 | 30 | 40 | 50 | 60 |
|---|---|---|---|---|---|---|---|
| Y | 741 | 715 | 708 | 702 | 690 | 682 | 669 |

| X | Y | Δy | $\Delta^2$y | $\Delta^3$y | $\Delta^4$y | $\Delta^5$y | $\Delta^6$y |
|---|---|---|---|---|---|---|---|
| 0 | 741 | -26 | 19 | -18 | 11 | 6 | -42 |
| 10 | 715 | -7 | 1 | -7 | 17 | -36 | |
| 20 | 708 | -6 | -6 | 10 | -19 | | |
| 30 | 702 | -12 | 4 | -9 | | | |
| 40 | 690 | -8 | -5 | | | | |
| 50 | 682 | -13 | | | | | |
| 60 | 669 | | | | | | |

$$f(x) = y_0 + u\frac{\Delta y_0}{1!} + u(u-1)\frac{\Delta^2 y_0}{2!} + u(u-1)(u-2)\frac{\Delta^3 y_0}{3!}$$

$$+u(u-1)(u-2)(u-3)\frac{\Delta^4 y_0}{4!} + u(u-1)(u-2)(u-3)(u-4)\frac{\Delta^5 y_0}{5!}$$

$$+u(u-1)(u-2)(u-3)(u-4)(u-5)\frac{\Delta^6 y_0}{6!}$$

**Solución**

$$u = \frac{x - x_0}{h} = \frac{x - 0}{10} = \frac{x}{10}$$

$$f(x) = 741 - 26\frac{x}{10} + \frac{19}{2}\frac{x}{10}\left(\frac{x}{10} - 1\right) - \frac{18}{6}\frac{x}{10}\left(\frac{x}{10} - 1\right)\left(\frac{x}{10} - 2\right)$$

$$+\frac{11}{24}\left(\frac{x}{10}\right)\left(\frac{x}{10} - 1\right)\left(\frac{x}{10} - 2\right)\left(\frac{x}{10} - 3\right)$$

$$+\frac{6}{120}\left(\frac{x}{10}\right)\left(\frac{x}{10} - 1\right)\left(\frac{x}{10} - 2\right)\left(\frac{x}{10} - 3\right)\left(\frac{x}{10} - 4\right)$$

$$-\frac{42}{720}\left(\frac{x}{10}\right)\left(\frac{x}{10} - 1\right)\left(\frac{x}{10} - 2\right)\left(\frac{x}{10} - 3\right)\left(\frac{x}{10} - 4\right)\left(\frac{x}{10} - 5\right)$$

$$f(x) = -\frac{7}{120000000}x^6 + \frac{37}{4000000}x^5 - \frac{1}{2000}x^4 + \frac{73}{8000}x^3 + \frac{607}{12000}x^2 - \frac{721}{200}x + 741$$

### ***Interpolación de Newton hacia atrás***

| X | Y | Δy | Δ²y | Δ³y | Δ⁴y | Δ⁵y | Δ⁶y |
|---|---|---|---|---|---|---|---|
| 0 | 741 | | | | | | |
| 10 | 715 | -26 | | | | | |
| 20 | 708 | -7 | 19 | | | | |
| 30 | 702 | -6 | 1 | -18 | | | |
| 40 | 690 | -12 | -6 | -7 | 11 | | |
| 50 | 682 | -8 | 4 | 10 | 17 | 6 | |
| 60 | 669 | -13 | -5 | -9 | -19 | -36 | -42 |

$$f(x) = y_n + u\frac{\nabla y_n}{1!} + u(u+1)\frac{\nabla^2 y_n}{2!} + u(u+1)(u+2)\frac{\nabla^3 y_n}{3!}$$

$$+u(u+1)(u+2)(u+3)\frac{\nabla^4 y_n}{4!} + u(u+1)(u+2)(u+3)(u+4)\frac{\nabla^5 y_n}{5!}$$

$$+u(u+1)(u+2)(u+3)(u+4)(u+5)\frac{\nabla^6 y_n}{6!}$$

**Solución**

$$u = \frac{x - x_n}{h} = \frac{x-60}{10}$$

$$f(x) = 669 - 13\left(\frac{x-60}{10}\right) - \frac{5}{2}\left(\frac{x-60}{10}\right)\left(\frac{x-60}{10}+1\right)$$

$$-\frac{9}{6}\left(\frac{x-60}{10}\right)\left(\frac{x-60}{10}+1\right)\left(\frac{x-60}{10}+2\right)$$

$$-\frac{19}{24}\left(\frac{x-60}{10}\right)\left(\frac{x-60}{10}+1\right)\left(\frac{x-60}{10}+2\right)\left(\frac{x-60}{10}+3\right)$$

$$-\frac{36}{120}\left(\frac{x-60}{10}\right)\left(\frac{x-60}{10}+1\right)\left(\frac{x-60}{10}+2\right)\left(\frac{x-60}{10}+3\right)\left(\frac{x-60}{10}+4\right)$$

$$-\frac{42}{720}\left(\frac{x-60}{10}\right)\left(\frac{x-60}{10}+1\right)\left(\frac{x-60}{10}+2\right)\left(\frac{x-60}{10}+3\right)\left(\frac{x-60}{10}+4\right)\left(\frac{x-60}{10}+5\right)$$

$$f(x) = -\frac{7}{120000000}x^6 + \frac{37}{4000000}x^5 - \frac{1}{2000}x^4 + \frac{73}{8000}x^3 + \frac{607}{12000}x^2 - \frac{721}{200}x + 741$$

## INTERPOLACIONES DE DIFERENCIA CENTRAL

Valor central: $x_0 = 30$

***Gauss hacia adelante***

| X | Y | Δy | Δ²y | Δ³y | Δ⁴y | Δ⁵y | Δ⁶y |
|---|---|---|---|---|---|---|---|
| 0 | 741 | | | | | | |
| | | -26 | | | | | |
| 10 | 715 | | 19 | | | | |
| | | -7 | | -18 | | | |
| 20 | 708 | | 1 | | 11 | | |
| | | -6 | | -7 | | 6 | |
| 30 | 702 | | -6 | | 17 | | -42 |
| | | -12 | | 10 | | -36 | |
| 40 | 690 | | 4 | | -19 | | |
| | | -8 | | -9 | | | |
| 50 | 682 | | -5 | | | | |
| | | -13 | | | | | |
| 60 | 669 | | | | | | |

$$f(x) = y_0 + u\Delta y_0 + u(u-1)\frac{\Delta^2 y_{-1}}{2!} + (u-1)u(u+1)\frac{\Delta^3 y_{-1}}{3!}$$

$$+ (u+1)u(u-1)(u-2)\frac{\Delta^4 y_{-2}}{4!} + (u+2)(u+1)u(u-1)(u-2)\frac{\Delta^5 y_{-2}}{5!}$$

$$+ (u+2)(u+1)u(u-1)(u-2)(u-3)\frac{\Delta^6 y_{-3}}{6!}$$

**Solución**

$$u = \frac{x - x_0}{h} = \frac{x - 30}{10}$$

$$f(x) = 702 - 12\left(\frac{x-30}{10}\right) - \frac{6}{2}\left(\frac{x-30}{10}\right)\left(\frac{x-30}{10} - 1\right)$$

$$+\frac{10}{6}\left(\frac{x-30}{10} - 1\right)\left(\frac{x-30}{10}\right)\left(\frac{x-30}{10} + 1\right)$$

$$+\frac{17}{24}\left(\frac{x-30}{10} + 1\right)\left(\frac{x-30}{10}\right)\left(\frac{x-30}{10} - 1\right)\left(\frac{x-30}{10} - 2\right)$$

$$-\frac{36}{120}\left(\frac{x-30}{10} + 1\right)\left(\frac{x-30}{10} + 2\right)\left(\frac{x-30}{10}\right)\left(\frac{x-30}{10} - 1\right)\left(\frac{x-30}{10} - 2\right)$$

$$-\frac{42}{720}\left(\frac{x-30}{10}+1\right)\left(\frac{x-30}{10}+2\right)\left(\frac{x-30}{10}\right)\left(\frac{x-30}{10}-1\right)\left(\frac{x-30}{10}-2\right)\left(\frac{x-30}{10}-3\right)$$

$$f(x)=-\frac{7}{120000000}x^6+\frac{37}{4000000}x^5-\frac{1}{2000}x^4+\frac{73}{8000}x^3+\frac{607}{12000}x^2-\frac{721}{200}x+741$$

Valor central: $x_0 = 30$

***Gauss hacia atrás***

| X | Y | Δy | Δ²y | Δ³y | Δ⁴y | Δ⁵y | Δ⁶y |
|---|---|---|---|---|---|---|---|
| 0 | 741 | | | | | | |
| | | -26 | | | | | |
| 10 | 715 | | 19 | | | | |
| | | -7 | | -18 | | | |
| 20 | 708 | | 1 | | 11 | | |
| | | -6 | | -7 | | 6 | |
| 30 | 702 | | -6 | | 17 | | -42 |
| | | -12 | | 10 | | -36 | |
| 40 | 690 | | 4 | | -19 | | |
| | | -8 | | -9 | | | |
| 50 | 682 | | -5 | | | | |
| | | -13 | | | | | |
| 60 | 669 | | | | | | |

$$f(x)=y_0+u\Delta y_{-1}+u(u+1)\frac{\Delta^2 y_{-1}}{2!}+(u+1)u(u-1)\frac{\Delta^3 y_{-2}}{3!}$$

$$+(u+2)(u+1)u(u-1)\frac{\Delta^4 y_{-2}}{4!}+(u+2)(u+1)u(u-1)(u-2)\frac{\Delta^5 y_{-3}}{5!}$$

$$+(u+3)(u+2)(u+1)u(u-1)(u-2)\frac{\Delta^6 y_{-3}}{6!}$$

**Solución**

$$u=\frac{x-x_0}{h}=\frac{x-30}{10}$$

$$f(x)=702-6\left(\frac{x-30}{10}\right)-\frac{6}{2}\left(\frac{x-30}{10}\right)\left(\frac{x-30}{10}+1\right)$$

$$-\frac{7}{6}\left(\frac{x-30}{10}+1\right)\left(\frac{x-30}{10}\right)\left(\frac{x-30}{10}-1\right)$$

$$+\frac{17}{24}\left(\frac{x-30}{10}+2\right)\left(\frac{x-30}{10}+1\right)\left(\frac{x-30}{10}\right)\left(\frac{x-30}{10}-1\right)$$

$$+\frac{6}{120}\left(\frac{x-30}{10}+2\right)\left(\frac{x-30}{10}+1\right)\left(\frac{x-30}{10}\right)\left(\frac{x-30}{10}-1\right)\left(\frac{x-30}{10}-2\right)$$

$$-\frac{42}{720}\left(\frac{x-30}{10}+3\right)\left(\frac{x-30}{10}+2\right)\left(\frac{x-30}{10}+1\right)\left(\frac{x-30}{10}\right)\left(\frac{x-30}{10}-1\right)\left(\frac{x-30}{10}-2\right)$$

$$f(x)=-\frac{7}{120000000}x^6+\frac{37}{4000000}x^5-\frac{1}{2000}x^4+\frac{73}{8000}x^3+\frac{607}{12000}x^2-\frac{721}{200}x+741$$

Valor central: $x_0 = 30$

***Stirling***

| X | Y | Δy | $\Delta^2$y | $\Delta^3$y | $\Delta^4$y | $\Delta^5$y | $\Delta^6$y |
|---|---|---|---|---|---|---|---|
| 0 | 741 | | | | | | |
| | | -26 | | | | | |
| 10 | 715 | | 19 | | | | |
| | | -7 | | -18 | | | |
| 20 | 708 | | 1 | | 11 | | |
| | | -6 | | -7 | | 6 | |
| 30 | 702 | | -6 | | 17 | | -42 |
| | | -12 | | 10 | | -36 | |
| 40 | 690 | | 4 | | -19 | | |
| | | -8 | | -9 | | | |
| 50 | 682 | | -5 | | | | |
| | | -13 | | | | | |
| 60 | 669 | | | | | | |

$$f(x)=y_0+\frac{u}{1!}\left(\frac{\Delta y_0+\Delta y_{-1}}{2}\right)+\frac{u^2}{2!}\Delta^2 y_{-1}+\frac{u(u^2-1^2)}{3!}\left(\frac{\Delta^3 y_{-1}+\Delta^3 y_{-2}}{2}\right)$$

$$+\frac{u^2(u^2-1^2)}{4!}\Delta^4 y_{-2}+\frac{u(u^2-1^2)(u^2-2^2)}{5!}\left(\frac{\Delta^5 y_{-2}+\Delta^5 y_{-3}}{2}\right)$$

$$+\frac{u^2(u^2-1^2)(u^2-2^2)}{6!}(\Delta^6 y_{-3})$$

**Solución**

$$u = \frac{x - x_0}{h} = \frac{x - 30}{10}$$

$$f(x) = 702 + \left(\frac{-6 - 12}{2}\right)\left(\frac{x - 30}{10}\right) - \frac{6}{2}\left(\frac{x - 30}{10}\right)^2$$

$$+\left(\frac{-7 + 10}{2}\right)\left(\frac{\left(\frac{x - 30}{10}\right)\left(\left(\frac{x - 30}{10}\right)^2 - 1^2\right)}{6}\right) + 17\left(\frac{\left(\frac{x - 30}{10}\right)^2\left(\left(\frac{x - 30}{10}\right)^2 - 1^2\right)}{24}\right)$$

$$+\left(\frac{6 - 36}{2}\right)\left(\frac{\left(\frac{x - 30}{10}\right)\left(\left(\frac{x - 30}{10}\right)^2 - 1^2\right)\left(\left(\frac{x - 30}{10}\right)^2 - 2^2\right)}{120}\right)$$

$$-42\left(\frac{\left(\frac{x - 30}{10}\right)^2\left(\left(\frac{x - 30}{10}\right)^2 - 1^2\right)\left(\left(\frac{x - 30}{10}\right)^2 - 2^2\right)}{720}\right)$$

$$f(x) = -\frac{7}{120000000}x^6 + \frac{37}{4000000}x^5 - \frac{1}{2000}x^4 + \frac{73}{8000}x^3 + \frac{607}{12000}x^2 - \frac{721}{200}x + 741$$

Valor central: $x_0 = 30$

***Bessel***

| X | Y | Δy | $\Delta^2$y | $\Delta^3$y | $\Delta^4$y | $\Delta^5$y | $\Delta^6$y |
|---|---|---|---|---|---|---|---|
| 0 | 741 | | | | | | |
| | | -26 | | | | | |
| 10 | 715 | | 19 | | | | |
| | | -7 | | -18 | | | |
| 20 | 708 | | 1 | | 11 | | |
| | | -6 | | -7 | | 6 | |
| 30 | 702 | | -6 | | 17 | | -42 |
| | | -12 | | 10 | | -36 | |
| 40 | 690 | | 4 | | -19 | | |
| | | -8 | | -9 | | | |
| 50 | 682 | | -5 | | | | |
| | | -13 | | | | | |
| 60 | 669 | | | | | | |

$$f(x) = \frac{y_0 + y_1}{2} + \left(u - \frac{1}{2}\right)\Delta y_0 + \frac{u(u-1)}{2!}\frac{(\Delta^2 y_{-1} + \Delta^2 y_0)}{2} + \frac{u\left(u - \frac{1}{2}\right)(u-1)}{3!}\Delta^3 y_{-1}$$

$$+\frac{u(u+1)(u-1)(u-2)}{4!}\frac{(\Delta^4 y_{-1} + \Delta^4 y_{-2})}{2} + \frac{u\left(u - \frac{1}{2}\right)(u+1)(u-1)(u-2)}{5!}\Delta^5 y_{-2}$$

$$+\frac{u(u+1)(u+2)(u-1)(u-2)(u-3)}{6!}\frac{(\Delta^6 y_{-2} + \Delta^6 y_{-3})}{2}$$

**Solución**

$$u = \frac{x - x_0}{h} = \frac{x - 30}{10}$$

$$f(x) = \left(\frac{(702 + 690)}{2}\right) - 12\left(\frac{x-30}{10} - \frac{1}{2}\right) + \left(\frac{(-6+4)}{2}\right)\left(\frac{\left(\frac{x-30}{10}\right)\left(\frac{x-30}{10} - 1\right)}{2}\right)$$

$$+10\left(\frac{\left(\frac{x-30}{10}\right)\left(\frac{x-30}{10} - \frac{1}{2}\right)\left(\frac{x-30}{10} - 1\right)}{6}\right)$$

$$+\frac{(17-19)}{2}\left(\frac{\left(\frac{x-30}{10}\right)\left(\frac{x-30}{10} + 1\right)\left(\frac{x-30}{10} - 1\right)\left(\frac{x-30}{10} - 2\right)}{24}\right)$$

$$-36\left(\frac{\left(\frac{x-30}{10}\right)\left(\frac{x-30}{10}-\frac{1}{2}\right)\left(\frac{x-30}{10}+1\right)\left(\frac{x-30}{10}-1\right)\left(\frac{x-30}{10}-2\right)}{120}\right)$$

$$-\frac{42}{2}\left(\frac{\left(\frac{x-30}{10}\right)\left(\frac{x-30}{10}+1\right)\left(\frac{x-30}{10}+2\right)\left(\frac{x-30}{10}-1\right)\left(\frac{x-30}{10}-2\right)\left(\frac{x-30}{10}-3\right)}{720}\right)$$

$$f(x)=-\frac{7}{240000000}x^6+\frac{1}{320000}x^5+\frac{1}{96000}x^4-\frac{197}{16000}x^3+\frac{2097}{4000}x^2-\frac{35}{4}x+762$$

Valor central: $x_0 = 30$

***Laplace–Everett***

| X | Y | Δy | $\Delta^2$y | $\Delta^3$y | $\Delta^4$y | $\Delta^5$y | $\Delta^6$y |
|---|---|---|---|---|---|---|---|
| 0 | 741 | | | | | | |
| | | -26 | | | | | |
| 10 | 715 | | 19 | | | | |
| | | -7 | | -18 | | | |
| 20 | 708 | | 1 | | 11 | | |
| | | -6 | | -7 | | 6 | |
| 30 | 702 | | -6 | | 17 | | -42 |
| | | -12 | | 10 | | -36 | |
| 40 | 690 | | 4 | | -19 | | |
| | | -8 | | -9 | | | |
| 50 | 682 | | -5 | | | | |
| | | -13 | | | | | |
| 60 | 669 | | | | | | |

$$f(x)=vy_0+\frac{v(v^2-1^2)}{3!}\Delta^2y_{-1}+\frac{v(v^2-1^2)(v^2-2^2)}{5!}\Delta^4y_{-2}$$

$$+\frac{v(v^2-1^2)(v^2-2^2)(v^2-3^2)}{7!}\Delta^6y_{-3}+uy_1$$

$$+\frac{u(u^2-1^2)}{3!}\Delta^2y_0+\frac{u(u^2-1^2)(u^2-2^2)}{5!}\Delta^4y_{-1}$$

$$v=1-u$$

**Solución**

$$u=\frac{x-x_0}{h}=\frac{x-30}{10}$$

$$v=1-u=1-\frac{x-30}{10}=\frac{40-x}{10}$$

$$f(x)=\left(\frac{40-x}{10}\right)702+\frac{\left(\frac{40-x}{10}\right)\left(\left(\frac{40-x}{10}\right)^2-1^2\right)}{6}(-6)$$

$$+\frac{\left(\frac{40-x}{10}\right)\left(\left(\frac{40-x}{10}\right)^2-1^2\right)\left(\left(\frac{40-x}{10}\right)^2-2^2\right)}{120}(17)$$

$$+\frac{\left(\frac{40-x}{10}\right)\left(\left(\frac{40-x}{10}\right)^2-1^2\right)\left(\left(\frac{40-x}{10}\right)^2-2^2\right)\left(\left(\frac{40-x}{10}\right)^2-3^2\right)}{5040}(-42)$$

$$+\left(\frac{x-30}{10}\right)690+\frac{\left(\frac{x-30}{10}\right)\left(\left(\frac{x-30}{10}\right)^2-1^2\right)}{6}(4)$$

$$+\frac{\left(\frac{x-30}{10}\right)\left(\left(\frac{x-30}{10}\right)^2-1^2\right)\left(\left(\frac{x-30}{10}\right)^2-2^2\right)}{120}(-19)$$

$$f(x)=\frac{1}{1.2x10^9}x^7-\frac{7}{3x10^7}x^6+\frac{143}{6x10^6}x^5-\frac{89}{8x10^4}x^4+\frac{2719}{120000}x^3-\frac{1157}{12000}x^2-\frac{601}{200}x+741$$

Electrooxidación de aguas residuales provenientes de la mezcla del dren 2A y el dren interceptor norte de Ciudad Juárez, Chihuahua[3]

Electrodo: Diamante dopado con boro

Parámetro: Turbiedad

Medio: Alcalino @ pH = 11.2; base utilizada NaOH

Densidad de corriente: 10 mA/cm$^2$

***Interpolación de Newton hacia adelante***

| Tiempo (min) | Turbiedad UNT |
|---|---|
| 10 | 83 |
| 30 | 86 |
| 50 | 121 |
| 70 | 188 |
| 90 | 241 |

| X | 10 | 30 | 50 | 70 | 90 |
|---|---|---|---|---|---|
| Y | 83 | 86 | 121 | 188 | 241 |

| X | Y | Δy | $\Delta^2$y | $\Delta^3$y | $\Delta^4$y |
|---|---|---|---|---|---|
| 10 | 83 | 3 | 32 | 0 | -46 |
| 30 | 86 | 35 | 32 | -46 | |
| 50 | 121 | 67 | -14 | | |
| 70 | 188 | 53 | | | |
| 90 | 241 | | | | |

$$f(x) = y_0 + u\frac{\Delta y_0}{1!} + u(u-1)\frac{\Delta^2 y_0}{2!} + u(u-1)(u-2)\frac{\Delta^3 y_0}{3!}$$
$$+u(u-1)(u-2)(u-3)\frac{\Delta^4 y_0}{4!}$$

**Solución**

$$u = \frac{x - x_0}{h} = \frac{x-10}{20}$$

$$f(x) = 83 + 3\left(\frac{x-10}{20}\right) + \frac{32}{2}\left(\frac{x-10}{20}\right)\left(\frac{x-10}{20} - 1\right)$$

$$+\frac{0}{6}\left(\frac{x-10}{20}\right)\left(\frac{x-10}{20} - 1\right)\left(\frac{x-10}{20} - 2\right)$$

$$-\frac{46}{24}\left(\frac{x-10}{20}\right)\left(\frac{x-10}{20} - 1\right)\left(\frac{x-10}{20} - 2\right)\left(\frac{x-10}{20} - 3\right)$$

$$f(x) = -\frac{23}{1920000}x^4 + \frac{23}{12000}x^3 - \frac{121}{1920}x^2 + \frac{79}{120}x + \frac{5179}{64}$$

***Interpolación de Newton hacia atrás***

| X | Y | Δy | Δ²y | Δ³y | Δ⁴y |
|---|---|---|---|---|---|
| 10 | 83 | | | | |
| 30 | 86 | 3 | | | |
| 50 | 121 | 35 | 32 | | |
| 70 | 188 | 67 | 32 | 0 | |
| 90 | 241 | 53 | -14 | -46 | -46 |

$$f(x) = y_n + u\frac{\nabla y_n}{1!} + u(u+1)\frac{\nabla^2 y_n}{2!} + u(u+1)(u+2)\frac{\nabla^3 y_n}{3!}$$

$$+ u(u+1)(u+2)(u+3)\frac{\nabla^4 y_n}{4!}$$

**Solución**

$$u = \frac{x - x_0}{h} = \frac{x - 90}{20}$$

$$f(x) = 241 + 53\left(\frac{x-90}{20}\right) - \frac{14}{2}\left(\frac{x-90}{20}\right)\left(\frac{x-90}{20}+1\right)$$

$$-\frac{46}{6}\left(\frac{x-90}{20}\right)\left(\frac{x-90}{20}+1\right)\left(\frac{x-90}{20}+2\right)$$

$$-\frac{46}{24}\left(\frac{x-90}{20}\right)\left(\frac{x-90}{20}+1\right)\left(\frac{x-90}{20}+2\right)\left(\frac{x-90}{20}+3\right)$$

$$f(x) = -\frac{23}{1920000}x^4 + \frac{23}{12000}x^3 - \frac{121}{1920}x^2 + \frac{79}{120}x + \frac{5179}{64}$$

## INTERPOLACIONES DE DIFERENCIA CENTRAL

Valor central: $x_0 = 50$

***Gauss hacia adelante***

| X | Y | Δy | $\Delta^2$y | $\Delta^3$y | $\Delta^4$y |
|---|---|---|---|---|---|
| 10 | 83 | | | | |
| | | 3 | | | |
| 30 | 86 | | 32 | | |
| | | 35 | | 0 | |
| 50 | 121 | | 32 | | -46 |
| | | 67 | | -46 | |
| 70 | 188 | | -14 | | |
| | | 53 | | | |
| 90 | 241 | | | | |

$$f(x) = y_0 + u\Delta y_0 + u(u-1)\frac{\Delta^2 y_{-1}}{2!} + (u-1)u(u+1)\frac{\Delta^3 y_{-1}}{3!}$$

$$+ (u+1)u(u-1)(u-2)\frac{\Delta^4 y_{-2}}{4!}$$

**Solución**

$$u = \frac{x - x_0}{h} = \frac{x-50}{20}$$

$$f(x) = 121 + 67\left(\frac{x-50}{20}\right) + \frac{32}{2}\left(\frac{x-50}{20}\right)\left(\frac{x-50}{20} - 1\right)$$

$$-\frac{46}{6}\left(\frac{x-50}{20} - 1\right)\left(\frac{x-50}{20}\right)\left(\frac{x-50}{20} + 1\right)$$

$$-\frac{46}{24}\left(\frac{x-50}{20} + 1\right)\left(\frac{x-50}{20}\right)\left(\frac{x-50}{20} - 1\right)\left(\frac{x-50}{20} - 2\right)$$

$$f(x) = -\frac{23}{1920000}x^4 + \frac{23}{12000}x^3 - \frac{121}{1920}x^2 + \frac{79}{120}x + \frac{5179}{64}$$

Valor central: $x_0 = 50$

***Gauss hacia atrás***

| X | Y | Δy | $\Delta^2$y | $\Delta^3$y | $\Delta^4$y |
|---|---|---|---|---|---|
| 10 | 83 | | | | |
| | | 3 | | | |
| 30 | 86 | | 32 | | |
| | | 35 | | 0 | |
| 50 | 121 | | 32 | | -46 |
| | | 67 | | -46 | |
| 70 | 188 | | -14 | | |
| | | 53 | | | |
| 90 | 241 | | | | |

$$f(x) = y_0 + u\Delta y_{-1} + u(u+1)\frac{\Delta^2 y_{-1}}{2!} + (u+1)u(u-1)\frac{\Delta^3 y_{-2}}{3!}$$

$$+ (u+2)(u+1)u(u-1)\frac{\Delta^4 y_{-2}}{4!}$$

**Solución**

$$u = \frac{x - x_0}{h} = \frac{x - 50}{20}$$

$$f(x) = 121 + 35\left(\frac{x-50}{20}\right) + \frac{32}{2}\left(\frac{x-50}{20}\right)\left(\frac{x-50}{20} + 1\right)$$

$$+\frac{0}{6}\left(\frac{x-50}{20} + 1\right)\left(\frac{x-50}{20}\right)\left(\frac{x-50}{20} - 1\right)$$

$$-\frac{46}{24}\left(\frac{x-50}{20} + 2\right)\left(\frac{x-50}{20} + 1\right)\left(\frac{x-50}{20}\right)\left(\frac{x-50}{20} - 1\right)$$

$$f(x) = -\frac{23}{1920000}x^4 + \frac{23}{12000}x^3 - \frac{121}{1920}x^2 + \frac{79}{120}x + \frac{5179}{64}$$

Valor central: $x_0 = 50$

***Stirling***

| X | Y | Δy | $\Delta^2$y | $\Delta^3$y | $\Delta^4$y |
|---|---|---|---|---|---|
| 10 | 83 | | | | |
| | | 3 | | | |
| 30 | 86 | | 32 | | |
| | | 35 | | 0 | |
| 50 | 121 | | 32 | | -46 |
| | | 67 | | -46 | |
| 70 | 188 | | -14 | | |
| | | 53 | | | |
| 90 | 241 | | | | |

$$f(x) = y_0 + \frac{u}{1!}\left(\frac{\Delta y_0 + \Delta y_{-1}}{2}\right) + \frac{u^2}{2!}\Delta^2 y_{-1} + \frac{u(u^2-1^2)}{3!}\left(\frac{\Delta^3 y_{-1} + \Delta^3 y_{-2}}{2}\right)$$

$$+\frac{u^2(u^2-1^2)}{4!}\Delta^4 y_{-2}$$

**Solución**

$$u = \frac{x - x_0}{h} = \frac{x-50}{20}$$

$$f(x) = 121 + \left(\frac{35+67}{2}\right)\left(\frac{x-50}{20}\right) + \frac{32}{2}\left(\frac{x-50}{20}\right)^2$$

$$+\left(\frac{0-46}{2}\right)\left(\frac{\left(\frac{x-50}{20}\right)\left(\left(\frac{x-50}{20}\right)^2 - 1^2\right)}{6}\right) - 46\left(\frac{\left(\frac{x-50}{20}\right)^2\left(\left(\frac{x-50}{20}\right)^2 - 1^2\right)}{24}\right)$$

$$f(x) = -\frac{23}{1920000}x^4 + \frac{23}{12000}x^3 - \frac{121}{1920}x^2 + \frac{79}{120}x + \frac{5179}{64}$$

Valor central: $x_0 = 50$

***Bessel***

| X | Y | Δy | $\Delta^2$y | $\Delta^3$y | $\Delta^4$y |
|---|---|---|---|---|---|
| 10 | 83 | | | | |
| | | 3 | | | |
| 30 | 86 | | 32 | | |
| | | 35 | | 0 | |
| 50 | 121 | | 32 | | -46 |
| | | 67 | | -46 | |
| 70 | 188 | | -14 | | |
| | | 53 | | | |
| 90 | 241 | | | | |

$$f(x) = \frac{y_0 + y_1}{2} + \left(u - \frac{1}{2}\right)\Delta y_0 + \frac{u(u-1)}{2!}\frac{(\Delta^2 y_{-1} + \Delta^2 y_0)}{2} + \frac{u\left(u - \frac{1}{2}\right)(u-1)}{3!}\Delta^3 y_{-1}$$

$$+ \frac{u(u+1)(u-1)(u-2)}{4!}\frac{(\Delta^4 y_{-1} + \Delta^4 y_{-2})}{2}$$

**Solución**

$$u = \frac{x - x_0}{h} = \frac{x - 50}{20}$$

$$f(x) = \left(\frac{(121 + 188)}{2}\right) + 67\left(\frac{x-50}{20} - \frac{1}{2}\right) + \left(\frac{(32 - 14)}{2}\right)\left(\frac{\left(\frac{x-50}{20}\right)\left(\frac{x-50}{20} - 1\right)}{2}\right)$$

$$- 46\left(\frac{\left(\frac{x-50}{20}\right)\left(\frac{x-50}{20} - \frac{1}{2}\right)\left(\frac{x-50}{20} - 1\right)}{6}\right)$$

$$- \frac{46}{2}\left(\frac{\left(\frac{x-50}{20}\right)\left(\frac{x-50}{20} + 1\right)\left(\frac{x-50}{20} - 1\right)\left(\frac{x-50}{20} - 2\right)}{24}\right)$$

$$f(x) = -\frac{23}{3840000}x^4 + \frac{23}{48000}x^3 + \frac{1159}{19200}x^2 - \frac{1823}{480}x + \frac{17603}{128}$$

Valor central: $x_0 = 50$

***Laplace–Everett***

| X | Y | Δy | $\Delta^2$y | $\Delta^3$y | $\Delta^4$y |
|---|---|---|---|---|---|
| 10 | 83 | | | | |
| | | 3 | | | |
| 30 | 86 | | 32 | | |
| | | 35 | | 0 | |
| 50 | 121 | | 32 | | -46 |
| | | 67 | | -46 | |
| 70 | 188 | | -14 | | |
| | | 53 | | | |
| 90 | 241 | | | | |

$$f(x) = vy_0 + \frac{v(v^2-1^2)}{3!}\Delta^2 y_{-1} + \frac{v(v^2-1^2)(v^2-2^2)}{5!}\Delta^4 y_{-2}$$

$$+ uy_1 + \frac{u(u^2-1^2)}{3!}\Delta^2 y_0$$

$$v = 1 - u$$

**Solución**

$$u = \frac{x - x_0}{h} = \frac{x-50}{20}$$

$$v = 1 - u = 1 - \frac{x-50}{20} = \frac{70-x}{20}$$

$$f(x) = \left(\frac{70-x}{20}\right)121 + \frac{\left(\frac{70-x}{20}\right)\left(\left(\frac{70-x}{20}\right)^2 - 1^2\right)}{6}(32)$$

$$+ \frac{\left(\frac{70-x}{20}\right)\left(\left(\frac{70-x}{20}\right)^2 - 1^2\right)\left(\left(\frac{70-x}{20}\right)^2 - 2^2\right)}{120}(-46)$$

$$+ \left(\frac{x-50}{20}\right)188 + \frac{\left(\frac{x-50}{20}\right)\left(\left(\frac{x-50}{20}\right)^2 - 1^2\right)}{6}(-14)$$

$$f(x) = \frac{23}{192000000}x^5 - \frac{161}{3840000}x^4 + \frac{299}{64000}x^3 - \frac{679}{3840}x^2 + \frac{51487}{19200}x + \frac{8909}{128}$$

Electrooxidación de aguas residuales procedente de cafeterías y cocina del sector industrial en Ciudad Juárez[4]

Electrodo: Acero inoxidable

Parámetro: Turbiedad

Densidad de corriente: 18.6 mA/cm$^2$

### *Interpolación de Newton hacia adelante*

| Tiempo (min) | Turbiedad |
|---|---|
| 0 | 945 |
| 10 | 852 |
| 20 | 531 |
| 30 | 428 |
| 40 | 378 |
| 50 | 308 |
| 60 | 284 |

| X | 0 | 10 | 20 | 30 | 40 | 50 | 60 |
|---|---|---|---|---|---|---|---|
| Y | 945 | 852 | 531 | 428 | 378 | 308 | 284 |

| X | Y | Δy | Δ$^2$y | Δ$^3$y | Δ$^4$y | Δ$^5$y | Δ$^6$y |
|---|---|---|---|---|---|---|---|
| 0 | 945 | -93 | -228 | 446 | -611 | 703 | -656 |
| 10 | 852 | -321 | 218 | -165 | 92 | 47 | |
| 20 | 531 | -103 | 53 | -73 | 139 | | |
| 30 | 428 | -50 | -20 | 66 | | | |
| 40 | 378 | -70 | 46 | | | | |
| 50 | 308 | -24 | | | | | |
| 60 | 284 | | | | | | |

$$f(x) = y_0 + u\frac{\Delta y_0}{1!} + u(u-1)\frac{\Delta^2 y_0}{2!} + u(u-1)(u-2)\frac{\Delta^3 y_0}{3!}$$

$$+u(u-1)(u-2)(u-3)\frac{\Delta^4 y_0}{4!} + u(u-1)(u-2)(u-3)(u-4)\frac{\Delta^5 y_0}{5!}$$

$$+u(u-1)(u-2)(u-3)(u-4)(u-5)\frac{\Delta^6 y_0}{6!}$$

**Solución**

$$u = \frac{x - x_0}{h} = \frac{x - 0}{10} = \frac{x}{10}$$

$$f(x) = 945 - 93\frac{x}{10} - \frac{228}{2}\frac{x}{10}\left(\frac{x}{10} - 1\right) + \frac{446}{6}\frac{x}{10}\left(\frac{x}{10} - 1\right)\left(\frac{x}{10} - 2\right)$$

$$-\frac{611}{24}\left(\frac{x}{10}\right)\left(\frac{x}{10} - 1\right)\left(\frac{x}{10} - 2\right)\left(\frac{x}{10} - 3\right)$$

$$+\frac{703}{120}\left(\frac{x}{10}\right)\left(\frac{x}{10} - 1\right)\left(\frac{x}{10} - 2\right)\left(\frac{x}{10} - 3\right)\left(\frac{x}{10} - 4\right)$$

$$-\frac{656}{720}\left(\frac{x}{10}\right)\left(\frac{x}{10} - 1\right)\left(\frac{x}{10} - 2\right)\left(\frac{x}{10} - 3\right)\left(\frac{x}{10} - 4\right)\left(\frac{x}{10} - 5\right)$$

$$f(x) = -\frac{41}{45000000}x^6 + \frac{781}{4000000}x^5 - \frac{11627}{720000}x^4 + \frac{5097}{8000}x^3 - \frac{417457}{36000}x^2 + \frac{11447}{200}x + 945$$

***Interpolación de Newton hacia atrás***

| X | Y | Δy | $\Delta^2$y | $\Delta^3$y | $\Delta^4$y | $\Delta^5$y | $\Delta^6$y |
|---|---|---|---|---|---|---|---|
| 0 | 945 | | | | | | |
| 10 | 852 | -93 | | | | | |
| 20 | 531 | -321 | -228 | | | | |
| 30 | 428 | -103 | 218 | 446 | | | |
| 40 | 378 | -50 | 53 | -165 | -611 | | |
| 50 | 308 | -70 | -20 | -73 | 92 | 703 | |
| 60 | 284 | -24 | 46 | 66 | 139 | 47 | -656 |

$$f(x) = y_n + u\frac{\nabla y_n}{1!} + u(u+1)\frac{\nabla^2 y_n}{2!} + u(u+1)(u+2)\frac{\nabla^3 y_n}{3!}$$

$$+ u(u+1)(u+2)(u+3)\frac{\nabla^4 y_n}{4!} + u(u+1)(u+2)(u+3)(u+4)\frac{\nabla^5 y_n}{5!}$$

$$+ u(u+1)(u+2)(u+3)(u+4)(u+5)\frac{\nabla^6 y_n}{6!}$$

**Solución**

$$u = \frac{x - x_n}{h} = \frac{x - 60}{10}$$

$$f(x) = 284 - 24\left(\frac{x-60}{10}\right) + \frac{46}{2}\left(\frac{x-60}{10}\right)\left(\frac{x-60}{10}+1\right)$$

$$+\frac{66}{6}\left(\frac{x-60}{10}\right)\left(\frac{x-60}{10}+1\right)\left(\frac{x-60}{10}+2\right)$$

$$+\frac{139}{24}\left(\frac{x-60}{10}\right)\left(\frac{x-60}{10}+1\right)\left(\frac{x-60}{10}+2\right)\left(\frac{x-60}{10}+3\right)$$

$$+\frac{47}{120}\left(\frac{x-60}{10}\right)\left(\frac{x-60}{10}+1\right)\left(\frac{x-60}{10}+2\right)\left(\frac{x-60}{10}+3\right)\left(\frac{x-60}{10}+4\right)$$

$$-\frac{656}{720}\left(\frac{x-60}{10}\right)\left(\frac{x-60}{10}+1\right)\left(\frac{x-60}{10}+2\right)\left(\frac{x-60}{10}+3\right)\left(\frac{x-60}{10}+4\right)\left(\frac{x-60}{10}+5\right)$$

$$y = -\frac{41}{45000000}x^6 + \frac{781}{4000000}x^5 - \frac{11627}{720000}x^4 + \frac{5097}{8000}x^3 - \frac{417457}{36000}x^2 + \frac{11447}{200}x + 945$$

## INTERPOLACIONES DE DIFERENCIA CENTRAL

Valor central: $x_0 = 30$

***Gauss hacia adelante***

| X | Y | Δy | $\Delta^2$y | $\Delta^3$y | $\Delta^4$y | $\Delta^5$y | $\Delta^6$y |
|---|---|---|---|---|---|---|---|
| 0 | 945 | | | | | | |
| | | -93 | | | | | |
| 10 | 852 | | -228 | | | | |
| | | -321 | | 446 | | | |
| 20 | 531 | | 218 | | -611 | | |
| | | -103 | | -165 | | 703 | |
| 30 | 428 | | 53 | | 92 | | -656 |
| | | -50 | | -73 | | 47 | |
| 40 | 378 | | -20 | | 139 | | |
| | | -70 | | 66 | | | |
| 50 | 308 | | 46 | | | | |
| | | -24 | | | | | |
| 60 | 284 | | | | | | |

$$f(x) = y_0 + u\Delta y_0 + u(u-1)\frac{\Delta^2 y_{-1}}{2!} + (u-1)u(u+1)\frac{\Delta^3 y_{-1}}{3!}$$

$$+ (u+1)u(u-1)(u-2)\frac{\Delta^4 y_{-2}}{4!} + (u+2)(u+1)u(u-1)(u-2)\frac{\Delta^5 y_{-2}}{5!}$$

$$+ (u+2)(u+1)u(u-1)(u-2)(u-3)\frac{\Delta^6 y_{-3}}{6!}$$

**Solución**

$$u = \frac{x - x_0}{h} = \frac{x-30}{10}$$

$$f(x) = 428 - 50\left(\frac{x-30}{10}\right) + \frac{53}{2}\left(\frac{x-30}{10}\right)\left(\frac{x-30}{10} - 1\right)$$

$$-\frac{73}{6}\left(\frac{x-30}{10} - 1\right)\left(\frac{x-30}{10}\right)\left(\frac{x-30}{10} + 1\right)$$

$$+\frac{92}{24}\left(\frac{x-30}{10} + 1\right)\left(\frac{x-30}{10}\right)\left(\frac{x-30}{10} - 1\right)\left(\frac{x-30}{10} - 2\right)$$

$$+\frac{47}{120}\left(\frac{x-30}{10} + 1\right)\left(\frac{x-30}{10} + 2\right)\left(\frac{x-30}{10}\right)\left(\frac{x-30}{10} - 1\right)\left(\frac{x-30}{10} - 2\right)$$

$$-\frac{656}{720}\left(\frac{x-30}{10} + 1\right)\left(\frac{x-30}{10} + 2\right)\left(\frac{x-30}{10}\right)\left(\frac{x-30}{10} - 1\right)\left(\frac{x-30}{10} - 2\right)\left(\frac{x-30}{10} - 3\right)$$

$$y = -\frac{41}{45000000}x^6 + \frac{781}{4000000}x^5 - \frac{11627}{720000}x^4 + \frac{5097}{8000}x^3 - \frac{417457}{36000}x^2 + \frac{11447}{200}x + 945$$

Valor central: $x_0 = 30$

***Gauss hacia atrás***

| X | Y | Δy | $\Delta^2$y | $\Delta^3$y | $\Delta^4$y | $\Delta^5$y | $\Delta^6$y |
|---|---|---|---|---|---|---|---|
| 0 | 945 | | | | | | |
| | | -93 | | | | | |
| 10 | 852 | | -228 | | | | |
| | | -321 | | 446 | | | |
| 20 | 531 | | 218 | | -611 | | |
| | | -103 | | -165 | | 703 | |
| 30 | 428 | | 53 | | 92 | | -656 |
| | | -50 | | -73 | | 47 | |
| 40 | 378 | | -20 | | 139 | | |
| | | -70 | | 66 | | | |
| 50 | 308 | | 46 | | | | |
| | | -24 | | | | | |
| 60 | 284 | | | | | | |

$$f(x) = y_0 + u\Delta y_{-1} + u(u+1)\frac{\Delta^2 y_{-1}}{2!} + (u+1)u(u-1)\frac{\Delta^3 y_{-2}}{3!}$$

$$+ (u+2)(u+1)u(u-1)\frac{\Delta^4 y_{-2}}{4!} + (u+2)(u+1)u(u-1)(u-2)\frac{\Delta^5 y_{-3}}{5!}$$

$$+ (u+3)(u+2)(u+1)u(u-1)(u-2)\frac{\Delta^6 y_{-3}}{6!}$$

**Solución**

$$u = \frac{x - x_0}{h} = \frac{x-30}{10}$$

$$f(x) = 428 - 103\left(\frac{x-30}{10}\right) + \frac{53}{2}\left(\frac{x-30}{10}\right)\left(\frac{x-30}{10}+1\right)$$

$$-\frac{165}{6}\left(\frac{x-30}{10}+1\right)\left(\frac{x-30}{10}\right)\left(\frac{x-30}{10}-1\right)$$

$$+\frac{92}{24}\left(\frac{x-30}{10}+2\right)\left(\frac{x-30}{10}+1\right)\left(\frac{x-30}{10}\right)\left(\frac{x-30}{10}-1\right)$$

$$+\frac{703}{120}\left(\frac{x-30}{10}+2\right)\left(\frac{x-30}{10}+1\right)\left(\frac{x-30}{10}\right)\left(\frac{x-30}{10}-1\right)\left(\frac{x-30}{10}-2\right)$$

$$-\frac{656}{720}\left(\frac{x-30}{10}+3\right)\left(\frac{x-30}{10}+2\right)\left(\frac{x-30}{10}+1\right)\left(\frac{x-30}{10}\right)\left(\frac{x-30}{10}-1\right)\left(\frac{x-30}{10}-2\right)$$

$$y=-\frac{41}{4.5x10^7}x^6+\frac{781}{4000000}x^5-\frac{11627}{720000}x^4+\frac{5097}{8000}x^3-\frac{417457}{36000}x^2+\frac{11447}{200}x+945$$

Valor central: $x_0 = 30$

***Stirling***

| X | Y | Δy | Δ²y | Δ³y | Δ⁴y | Δ⁵y | Δ⁶y |
|---|---|---|---|---|---|---|---|
| 0 | 945 | | | | | | |
| | | -93 | | | | | |
| 10 | 852 | | -228 | | | | |
| | | -321 | | 446 | | | |
| 20 | 531 | | 218 | | -611 | | |
| | | -103 | | -165 | | 703 | |
| 30 | 428 | | 53 | | 92 | | -656 |
| | | -50 | | -73 | | 47 | |
| 40 | 378 | | -20 | | 139 | | |
| | | -70 | | 66 | | | |
| 50 | 308 | | 46 | | | | |
| | | -24 | | | | | |
| 60 | 284 | | | | | | |

$$f(x)=y_0+\frac{u}{1!}\left(\frac{\Delta y_0+\Delta y_{-1}}{2}\right)+\frac{u^2}{2!}\Delta^2 y_{-1}+\frac{u(u^2-1^2)}{3!}\left(\frac{\Delta^3 y_{-1}+\Delta^3 y_{-2}}{2}\right)$$

$$+\frac{u^2(u^2-1^2)}{4!}\Delta^4 y_{-2}+\frac{u(u^2-1^2)(u^2-2^2)}{5!}\left(\frac{\Delta^5 y_{-2}+\Delta^5 y_{-3}}{2}\right)$$

$$+\frac{u^2(u^2-1^2)(u^2-2^2)}{6!}(\Delta^6 y_{-3})$$

**Solución**

$$u=\frac{x-x_0}{h}=\frac{x-30}{10}$$

$$f(x)=428+\left(\frac{-103-50}{2}\right)\left(\frac{x-30}{10}\right)+\frac{53}{2}\left(\frac{x-30}{10}\right)^2$$

$$+\left(\frac{-165-73}{2}\right)\left(\frac{\left(\frac{x-30}{10}\right)\left(\left(\frac{x-30}{10}\right)^2-1^2\right)}{6}\right)+92\left(\frac{\left(\frac{x-30}{10}\right)^2\left(\left(\frac{x-30}{10}\right)^2-1^2\right)}{24}\right)$$

$$+\left(\frac{703+47}{2}\right)\left(\frac{\left(\frac{x-30}{10}\right)\left(\left(\frac{x-30}{10}\right)^2-1^2\right)\left(\left(\frac{x-30}{10}\right)^2-2^2\right)}{120}\right)$$

$$-656\left(\frac{\left(\frac{x-30}{10}\right)^2\left(\left(\frac{x-30}{10}\right)^2-1^2\right)\left(\left(\frac{x-30}{10}\right)^2-2^2\right)}{720}\right)$$

$$y=-\frac{41}{4.5x10^7}x^6+\frac{781}{4000000}x^5-\frac{11627}{720000}x^4+\frac{5097}{8000}x^3-\frac{417457}{36000}x^2+\frac{11447}{200}x+945$$

Valor central: $x_0 = 30$

***Bessel***

| X | Y | Δy | $\Delta^2$y | $\Delta^3$y | $\Delta^4$y | $\Delta^5$y | $\Delta^6$y |
|---|---|---|---|---|---|---|---|
| 0 | 945 | | | | | | |
| | | -93 | | | | | |
| 10 | 852 | | -228 | | | | |
| | | -321 | | 446 | | | |
| 20 | 531 | | 218 | | -611 | | |
| | | -103 | | -165 | | 703 | |
| 30 | 428 | | 53 | | 92 | | -656 |
| | | -50 | | -73 | | 47 | |
| 40 | 378 | | -20 | | 139 | | |
| | | -70 | | 66 | | | |
| 50 | 308 | | 46 | | | | |
| | | -24 | | | | | |
| 60 | 284 | | | | | | |

$$f(x)=\frac{y_0+y_1}{2}+\left(u-\frac{1}{2}\right)\Delta y_0+\frac{u(u-1)}{2!}\frac{(\Delta^2y_{-1}+\Delta^2y_0)}{2}+\frac{u\left(u-\frac{1}{2}\right)(u-1)}{3!}\Delta^3y_{-1}$$

$$+\frac{u(u+1)(u-1)(u-2)}{4!}\frac{(\Delta^4y_{-1}+\Delta^4y_{-2})}{2}+\frac{u\left(u-\frac{1}{2}\right)(u+1)(u-1)(u-2)}{5!}\Delta^5y_{-2}$$

$$+\frac{u(u+1)(u+2)(u-1)(u-2)(u-3)}{6!}\frac{(\Delta^6y_{-2}+\Delta^6y_{-3})}{2}$$

**Solución**

$$u = \frac{x - x_0}{h} = \frac{x - 30}{10}$$

$$f(x) = \left(\frac{(428 + 378)}{2}\right) - 50\left(\frac{x-30}{10} - \frac{1}{2}\right) + \left(\frac{(53 - 20)}{2}\right)\left(\frac{\left(\frac{x-30}{10}\right)\left(\frac{x-30}{10} - 1\right)}{2}\right)$$

$$- 73\left(\frac{\left(\frac{x-30}{10}\right)\left(\frac{x-30}{10} - \frac{1}{2}\right)\left(\frac{x-30}{10} - 1\right)}{6}\right)$$

$$+ \frac{(92 + 139)}{2}\left(\frac{\left(\frac{x-30}{10}\right)\left(\frac{x-30}{10} + 1\right)\left(\frac{x-30}{10} - 1\right)\left(\frac{x-30}{10} - 2\right)}{24}\right)$$

$$+ 47\left(\frac{\left(\frac{x-30}{10}\right)\left(\frac{x-30}{10} - \frac{1}{2}\right)\left(\frac{x-30}{10} + 1\right)\left(\frac{x-30}{10} - 1\right)\left(\frac{x-30}{10} - 2\right)}{120}\right)$$

$$- \frac{656}{2}\left(\frac{\left(\frac{x-30}{10}\right)\left(\frac{x-30}{10} + 1\right)\left(\frac{x-30}{10} + 2\right)\left(\frac{x-30}{10} - 1\right)\left(\frac{x-30}{10} - 2\right)\left(\frac{x-30}{10} - 3\right)}{720}\right)$$

$$f(x) = -\frac{41}{9x10^7}x^6 + \frac{239}{2400000}x^5 - \frac{5887}{720000}x^4 + \frac{1451}{4800}x^3 - \frac{151121}{36000}x^2 - \frac{185}{8}x + 1273$$

Valor central: $x_0 = 30$

***Laplace–Everett***

| X | Y | Δy | $\Delta^2$y | $\Delta^3$y | $\Delta^4$y | $\Delta^5$y | $\Delta^6$y |
|---|---|---|---|---|---|---|---|
| 0 | 945 | | | | | | |
| | | -93 | | | | | |
| 10 | 852 | | -228 | | | | |
| | | -321 | | 446 | | | |
| 20 | 531 | | 218 | | -611 | | |
| | | -103 | | -165 | | 703 | |
| 30 | 428 | | 53 | | 92 | | -656 |
| | | -50 | | -73 | | 47 | |
| 40 | 378 | | -20 | | 139 | | |
| | | -70 | | 66 | | | |
| 50 | 308 | | 46 | | | | |
| | | -24 | | | | | |
| 60 | 284 | | | | | | |

$$f(x) = vy_0 + \frac{v(v^2-1^2)}{3!}\Delta^2 y_{-1} + \frac{v(v^2-1^2)(v^2-2^2)}{5!}\Delta^4 y_{-2}$$

$$+\frac{v(v^2-1^2)(v^2-2^2)(v^2-3^2)}{7!}\Delta^6 y_{-3} + uy_1$$

$$+\frac{u(u^2-1^2)}{3!}\Delta^2 y_0 + \frac{u(u^2-1^2)(u^2-2^2)}{5!}\Delta^4 y_{-1}$$

$$v = 1-u$$

**Solución**

$$u = \frac{x-x_0}{h} = \frac{x-30}{10}$$

$$v = 1-u = 1-\frac{x-30}{10} = \frac{40-x}{10}$$

$$f(x) = \left(\frac{40-x}{10}\right)428 + \frac{\left(\frac{40-x}{10}\right)\left(\left(\frac{40-x}{10}\right)^2-1^2\right)}{6}(53)$$

$$+\frac{\left(\frac{40-x}{10}\right)\left(\left(\frac{40-x}{10}\right)^2-1^2\right)\left(\left(\frac{40-x}{10}\right)^2-2^2\right)}{120}(92)$$

$$+\frac{\left(\frac{40-x}{10}\right)\left(\left(\frac{40-x}{10}\right)^2-1^2\right)\left(\left(\frac{40-x}{10}\right)^2-2^2\right)\left(\left(\frac{40-x}{10}\right)^2-3^2\right)}{5040}(-656)$$

$$+\left(\frac{x-30}{10}\right)378+\frac{\left(\frac{x-30}{10}\right)\left(\left(\frac{x-30}{10}\right)^2-1^2\right)}{6}(-20)$$

$$+\frac{\left(\frac{x-30}{10}\right)\left(\left(\frac{x-30}{10}\right)^2-1^2\right)\left(\left(\frac{x-30}{10}\right)^2-2^2\right)}{120}(139)$$

$$y=\frac{41}{3.15x10^9}x^7-\frac{41}{11250000}x^6+\frac{15229}{3.6x10^7}x^5-\frac{3703}{144000}x^4+\frac{305461}{3.6x10^5}x^3-\frac{500113}{36000}x^2+\frac{93249}{1400}x+945$$

**Coagulación y Electrooxidación para el tratamiento de agua residual de una maquiladora del giro automotriz[5]**

Electrodo: Diamante dopado con boro

Parámetro: Turbiedad

Densidad de corriente: 10 mA/cm$^2$

***Interpolación de Newton hacia adelante***

| Tiempo (min) | Turbiedad UNT |
|---|---|
| 10 | 69 |
| 30 | 17 |
| 50 | 26 |
| 70 | 16 |
| 90 | 16 |

| X | 10 | 30 | 50 | 70 | 90 |
|---|---|---|---|---|---|
| Y | 69 | 17 | 26 | 16 | 16 |

| X | Y | Δy | Δ²y | Δ³y | Δ⁴y |
|---|---|---|---|---|---|
| 10 | 69 | -52 | 61 | -80 | 109 |
| 30 | 17 | 9 | -19 | 29 | |
| 50 | 26 | -10 | 10 | | |
| 70 | 16 | 0 | | | |
| 90 | 16 | | | | |

$$f(x) = y_0 + u\frac{\Delta y_0}{1!} + u(u-1)\frac{\Delta^2 y_0}{2!} + u(u-1)(u-2)\frac{\Delta^3 y_0}{3!}$$

$$+u(u-1)(u-2)(u-3)\frac{\Delta^4 y_0}{4!}$$

**Solución**

$$u = \frac{x - x_0}{h} = \frac{x-10}{20}$$

$$f(x) = 69 - 52\left(\frac{x-10}{20}\right) + \frac{61}{2}\left(\frac{x-10}{20}\right)\left(\frac{x-10}{20} - 1\right)$$

$$-\frac{80}{6}\left(\frac{x-10}{20}\right)\left(\frac{x-10}{20} - 1\right)\left(\frac{x-10}{20} - 2\right)$$

$$+\frac{109}{24}\left(\frac{x-10}{20}\right)\left(\frac{x-10}{20} - 1\right)\left(\frac{x-10}{20} - 2\right)\left(\frac{x-10}{20} - 3\right)$$

$$f(x) = \frac{109}{3840000}x^4 - \frac{149}{24000}x^3 + \frac{9031}{19200}x^2 - \frac{695}{48}x + \frac{22103}{128}$$

***Interpolación de Newton hacia atrás***

| X | Y | Δy | Δ²y | Δ³y | Δ⁴y |
|---|---|---|---|---|---|
| 10 | 69 | | | | |
| 30 | 17 | -52 | | | |
| 50 | 26 | 9 | 61 | | |
| 70 | 16 | -10 | -19 | -80 | |
| 90 | 16 | 0 | 10 | 29 | 109 |

$$f(x) = y_n + u\frac{\nabla y_n}{1!} + u(u+1)\frac{\nabla^2 y_n}{2!} + u(u+1)(u+2)\frac{\nabla^3 y_n}{3!}$$

$$+\,u(u+1)(u+2)(u+3)\frac{\nabla^4 y_n}{4!}$$

**Solución**

$$u = \frac{x - x_0}{h} = \frac{x - 90}{20}$$

$$f(x) = 16 + 0\left(\frac{x-90}{20}\right) + \frac{10}{2}\left(\frac{x-90}{20}\right)\left(\frac{x-90}{20}+1\right)$$

$$+\frac{29}{6}\left(\frac{x-90}{20}\right)\left(\frac{x-90}{20}+1\right)\left(\frac{x-90}{20}+2\right)$$

$$+\frac{109}{24}\left(\frac{x-90}{20}\right)\left(\frac{x-90}{20}+1\right)\left(\frac{x-90}{20}+2\right)\left(\frac{x-90}{20}+3\right)$$

$$f(x) = \frac{109}{3840000}x^4 - \frac{149}{24000}x^3 + \frac{9031}{19200}x^2 - \frac{695}{48}x + \frac{22103}{128}$$

## INTERPOLACIONES DE DIFERENCIA CENTRAL

Valor central: $x_0 = 50$

***Gauss hacia adelante***

| X | Y | Δy | $\Delta^2$y | $\Delta^3$y | $\Delta^4$y |
|---|---|---|---|---|---|
| 10 | 69 | | | | |
| | | -52 | | | |
| 30 | 17 | | 61 | | |
| | | 9 | | -80 | |
| 50 | 26 | | -19 | | 109 |
| | | -10 | | 29 | |
| 70 | 16 | | 10 | | |
| | | 0 | | | |
| 90 | 16 | | | | |

$$f(x) = y_0 + u\Delta y_0 + u(u-1)\frac{\Delta^2 y_{-1}}{2!} + (u-1)u(u+1)\frac{\Delta^3 y_{-1}}{3!}$$

$$+ (u+1)u(u-1)(u-2)\frac{\Delta^4 y_{-2}}{4!}$$

**Solución**

$$u = \frac{x - x_0}{h} = \frac{x - 50}{20}$$

$$f(x) = 26 - 10\left(\frac{x-50}{20}\right) - \frac{19}{2}\left(\frac{x-50}{20}\right)\left(\frac{x-50}{20} - 1\right)$$

$$+\frac{29}{6}\left(\frac{x-50}{20} - 1\right)\left(\frac{x-50}{20}\right)\left(\frac{x-50}{20} + 1\right)$$

$$+\frac{109}{24}\left(\frac{x-50}{20} + 1\right)\left(\frac{x-50}{20}\right)\left(\frac{x-50}{20} - 1\right)\left(\frac{x-50}{20} - 2\right)$$

$$f(x) = \frac{109}{3840000}x^4 - \frac{149}{24000}x^3 + \frac{9031}{19200}x^2 - \frac{695}{48}x + \frac{22103}{128}$$

Valor central: $x_0 = 50$

***Gauss hacia atrás***

| X | Y | Δy | Δ²y | Δ³y | Δ⁴y |
|---|---|---|---|---|---|
| 10 | 69 | | | | |
| | | -52 | | | |
| 30 | 17 | | 61 | | |
| | | 9 | | -80 | |
| 50 | 26 | | -19 | | 109 |
| | | -10 | | 29 | |
| 70 | 16 | | 10 | | |
| | | 0 | | | |
| 90 | 16 | | | | |

$$f(x) = y_0 + u\Delta y_{-1} + u(u+1)\frac{\Delta^2 y_{-1}}{2!} + (u+1)u(u-1)\frac{\Delta^3 y_{-2}}{3!}$$

$$+ (u+2)(u+1)u(u-1)\frac{\Delta^4 y_{-2}}{4!}$$

**Solución**

$$u = \frac{x - x_0}{h} = \frac{x - 50}{20}$$

$$f(x) = 26 + 9\left(\frac{x-50}{20}\right) - \frac{19}{2}\left(\frac{x-50}{20}\right)\left(\frac{x-50}{20}+1\right)$$

$$-\frac{80}{6}\left(\frac{x-50}{20}+1\right)\left(\frac{x-50}{20}\right)\left(\frac{x-50}{20}-1\right)$$

$$+\frac{109}{24}\left(\frac{x-50}{20}+2\right)\left(\frac{x-50}{20}+1\right)\left(\frac{x-50}{20}\right)\left(\frac{x-50}{20}-1\right)$$

$$f(x) = \frac{109}{3840000}x^4 - \frac{149}{24000}x^3 + \frac{9031}{19200}x^2 - \frac{695}{48}x + \frac{22103}{128}$$

Valor central: $x_0 = 50$

***Stirling***

| X | Y | Δy | Δ²y | Δ³y | Δ⁴y |
|---|---|---|---|---|---|
| 10 | 69 | | | | |
| | | -52 | | | |
| 30 | 17 | | 61 | | |
| | | 9 | | -80 | |
| 50 | 26 | | -19 | | 109 |
| | | -10 | | 29 | |
| 70 | 16 | | 10 | | |
| | | 0 | | | |
| 90 | 16 | | | | |

$$f(x) = y_0 + \frac{u}{1!}\left(\frac{\Delta y_0 + \Delta y_{-1}}{2}\right) + \frac{u^2}{2!}\Delta^2 y_{-1} + \frac{u(u^2-1^2)}{3!}\left(\frac{\Delta^3 y_{-1} + \Delta^3 y_{-2}}{2}\right)$$

$$+\frac{u^2(u^2-1^2)}{4!}\Delta^4 y_{-2}$$

**Solución**

$$u = \frac{x - x_0}{h} = \frac{x - 50}{20}$$

$$f(x) = 26 + \left(\frac{9 - 10}{2}\right)\left(\frac{x - 50}{20}\right) - \frac{19}{2}\left(\frac{x - 50}{20}\right)^2$$

$$+\left(\frac{-80 + 29}{2}\right)\left(\frac{\left(\frac{x - 50}{20}\right)\left(\left(\frac{x - 50}{20}\right)^2 - 1^2\right)}{6}\right) + 109\left(\frac{\left(\frac{x - 50}{20}\right)^2\left(\left(\frac{x - 50}{20}\right)^2 - 1^2\right)}{24}\right)$$

$$f(x) = \frac{109}{3840000}x^4 - \frac{149}{24000}x^3 + \frac{9031}{19200}x^2 - \frac{695}{48}x + \frac{22103}{128}$$

Valor central: $x_0 = 50$

***Bessel***

| X | Y | Δy | Δ²y | Δ³y | Δ⁴y |
|---|---|---|---|---|---|
| 10 | 69 | | | | |
| | | -52 | | | |
| 30 | 17 | | 61 | | |
| | | 9 | | -80 | |
| 50 | 26 | | -19 | | 109 |
| | | -10 | | 29 | |
| 70 | 16 | | 10 | | |
| | | 0 | | | |
| 90 | 16 | | | | |

$$f(x) = \frac{y_0 + y_1}{2} + \left(u - \frac{1}{2}\right)\Delta y_0 + \frac{u(u-1)}{2!}\frac{(\Delta^2 y_{-1} + \Delta^2 y_0)}{2} + \frac{u\left(u - \frac{1}{2}\right)(u-1)}{3!}\Delta^3 y_{-1} + \frac{u(u+1)(u-1)(u-2)}{4!}\frac{(\Delta^4 y_{-1} + \Delta^4 y_{-2})}{2}$$

**Solución**

$$u = \frac{x - x_0}{h} = \frac{x - 50}{20}$$

$$f(x) = \left(\frac{(26 + 16)}{2}\right) - 10\left(\frac{x - 50}{20} - \frac{1}{2}\right) + \left(\frac{(-19 + 10)}{2}\right)\left(\frac{\left(\frac{x - 50}{20}\right)\left(\frac{x - 50}{20} - 1\right)}{2}\right)$$

$$+ 29\left(\frac{\left(\frac{x - 50}{20}\right)\left(\frac{x - 50}{20} - \frac{1}{2}\right)\left(\frac{x - 50}{20} - 1\right)}{6}\right)$$

$$+ \frac{109}{2}\left(\frac{\left(\frac{x - 50}{20}\right)\left(\frac{x - 50}{20} + 1\right)\left(\frac{x - 50}{20} - 1\right)\left(\frac{x - 50}{20} - 2\right)}{24}\right)$$

$$f(x) = \frac{109}{7680000}x^4 - \frac{269}{96000}x^3 + \frac{1367}{7680}x^2 - \frac{3763}{960}x + \frac{9871}{256}$$

Valor central: $x_0 = 50$

***Laplace–Everett***

| X | Y | Δy | $\Delta^2$y | $\Delta^3$y | $\Delta^4$y |
|---|---|---|---|---|---|
| 10 | 69 | | | | |
| | | -52 | | | |
| 30 | 17 | | 61 | | |
| | | 9 | | -80 | |
| 50 | 26 | | -19 | | 109 |
| | | -10 | | 29 | |
| 70 | 16 | | 10 | | |
| | | 0 | | | |
| 90 | 16 | | | | |

$$f(x) = vy_0 + \frac{v(v^2 - 1^2)}{3!}\Delta^2 y_{-1} + \frac{v(v^2 - 1^2)(v^2 - 2^2)}{5!}\Delta^4 y_{-2}$$

$$uy_1 + \frac{u(u^2 - 1^2)}{3!}\Delta^2 y_0$$

$$v = 1 - u$$

**Solución**

$$u = \frac{x - x_0}{h} = \frac{x - 50}{20}$$

$$v = 1 - u = 1 - \frac{x - 50}{20} = \frac{70 - x}{20}$$

$$f(x) = \left(\frac{70 - x}{20}\right) 26 + \frac{\left(\frac{70 - x}{20}\right)\left(\left(\frac{70 - x}{20}\right)^2 - 1^2\right)}{6}(-19)$$

$$+ \frac{\left(\frac{70 - x}{20}\right)\left(\left(\frac{70 - x}{20}\right)^2 - 1^2\right)\left(\left(\frac{70 - x}{20}\right)^2 - 2^2\right)}{120}(109)$$

$$+ \left(\frac{x - 50}{20}\right) 16 + \frac{\left(\frac{x - 50}{20}\right)\left(\left(\frac{x - 50}{20}\right)^2 - 1^2\right)}{6}(10)$$

$$f(x) = -\frac{109}{3.84x10^8}x^5 + \frac{763}{7680000}x^4 - \frac{4891}{384000}x^3 + \frac{28417}{38400}x^2 - \frac{740101}{38400}x + \frac{51073}{256}$$

Electrooxidación de aguas residuales sintéticas preparadas con tres colorantes para el teñido de ropa[6]

Electrodo: Diamante dopado con boro

Colorante: Azul Concentración inicial: 500 mg/L Parámetro: Color aparente

Densidad de corriente: 5 mA/cm$^2$

***Interpolación de Newton hacia adelante***

| Tiempo (min) | Color UPC |
|---|---|
| 0 | 1140 |
| 10 | 460 |
| 20 | 275 |
| 30 | 175 |
| 40 | 115 |
| 50 | 65 |
| 60 | 45 |

| X | 0 | 10 | 20 | 30 | 40 | 50 | 60 |
|---|---|---|---|---|---|---|---|
| Y | 1140 | 460 | 275 | 175 | 115 | 65 | 45 |

| X | Y | $\Delta y$ | $\Delta^2 y$ | $\Delta^3 y$ | $\Delta^4 y$ | $\Delta^5 y$ | $\Delta^6 y$ |
|---|---|---|---|---|---|---|---|
| 0 | 1140 | -680 | 495 | -410 | 365 | -350 | 385 |
| 10 | 460 | -185 | 85 | -45 | 15 | 35 | |
| 20 | 275 | -100 | 40 | -30 | 50 | | |
| 30 | 175 | -60 | 10 | 20 | | | |
| 40 | 115 | -50 | 30 | | | | |
| 50 | 65 | -20 | | | | | |
| 60 | 45 | | | | | | |

$$f(x) = y_0 + u\frac{\Delta y_0}{1!} + u(u-1)\frac{\Delta^2 y_0}{2!} + u(u-1)(u-2)\frac{\Delta^3 y_0}{3!}$$

$$+u(u-1)(u-2)(u-3)\frac{\Delta^4 y_0}{4!} + u(u-1)(u-2)(u-3)(u-4)\frac{\Delta^5 y_0}{5!}$$

$$+u(u-1)(u-2)(u-3)(u-4)(u-5)\frac{\Delta^6 y_0}{6!}$$

**Solución**

$$u = \frac{x - x_0}{h} = \frac{x-0}{10} = \frac{x}{10}$$

$$f(x) = 1140 - 680\frac{x}{10} + \frac{495}{2}\frac{x}{10}\left(\frac{x}{10}-1\right) - \frac{410}{6}\frac{x}{10}\left(\frac{x}{10}-1\right)\left(\frac{x}{10}-2\right)$$

$$+\frac{365}{24}\left(\frac{x}{10}\right)\left(\frac{x}{10}-1\right)\left(\frac{x}{10}-2\right)\left(\frac{x}{10}-3\right)$$

$$-\frac{350}{120}\left(\frac{x}{10}\right)\left(\frac{x}{10}-1\right)\left(\frac{x}{10}-2\right)\left(\frac{x}{10}-3\right)\left(\frac{x}{10}-4\right)$$

$$+\frac{385}{720}\left(\frac{x}{10}\right)\left(\frac{x}{10}-1\right)\left(\frac{x}{10}-2\right)\left(\frac{x}{10}-3\right)\left(\frac{x}{10}-4\right)\left(\frac{x}{10}-5\right)$$

$$f(x)=\frac{77}{1.44x10^8}x^6-\frac{7}{64000}x^5+\frac{2587}{288000}x^4-\frac{3667}{9600}x^3+\frac{32837}{3600}x^2-\frac{3095}{24}x+1140$$

***Interpolación de Newton hacia atrás***

| X | Y | Δy | Δ²y | Δ³y | Δ⁴y | Δ⁵y | Δ⁶y |
|---|---|---|---|---|---|---|---|
| 0 | 1140 | | | | | | |
| 10 | 460 | -680 | | | | | |
| 20 | 275 | -185 | 495 | | | | |
| 30 | 175 | -100 | 85 | -410 | | | |
| 40 | 115 | -60 | 40 | -45 | 365 | | |
| 50 | 65 | -50 | 10 | -30 | 15 | -350 | |
| 60 | 45 | -20 | 30 | 20 | 50 | 35 | 385 |

$$f(x)=y_n+u\frac{\nabla y_n}{1!}+u(u+1)\frac{\nabla^2 y_n}{2!}+u(u+1)(u+2)\frac{\nabla^3 y_n}{3!}$$

$$+u(u+1)(u+2)(u+3)\frac{\nabla^4 y_n}{4!}+u(u+1)(u+2)(u+3)(u+4)\frac{\nabla^5 y_n}{5!}$$

$$+u(u+1)(u+2)(u+3)(u+4)(u+5)\frac{\nabla^6 y_n}{6!}$$

**Solución**

$$u=\frac{x-x_n}{h}=\frac{x-60}{10}$$

$$f(x)=45-20\left(\frac{x-60}{10}\right)+\frac{30}{2}\left(\frac{x-60}{10}\right)\left(\frac{x-60}{10}+1\right)$$

$$+\frac{20}{6}\left(\frac{x-60}{10}\right)\left(\frac{x-60}{10}+1\right)\left(\frac{x-60}{10}+2\right)$$

$$+\frac{50}{24}\left(\frac{x-60}{10}\right)\left(\frac{x-60}{10}+1\right)\left(\frac{x-60}{10}+2\right)\left(\frac{x-60}{10}+3\right)$$

$$+\frac{35}{120}\left(\frac{x-60}{10}\right)\left(\frac{x-60}{10}+1\right)\left(\frac{x-60}{10}+2\right)\left(\frac{x-60}{10}+3\right)\left(\frac{x-60}{10}+4\right)$$

$$+\frac{385}{720}\left(\frac{x-60}{10}\right)\left(\frac{x-60}{10}+1\right)\left(\frac{x-60}{10}+2\right)\left(\frac{x-60}{10}+3\right)\left(\frac{x-60}{10}+4\right)\left(\frac{x-60}{10}+5\right)$$

$$f(x)=\frac{77}{1.44x10^8}x^6-\frac{7}{64000}x^5+\frac{2587}{288000}x^4-\frac{3667}{9600}x^3+\frac{32837}{3600}x^2-\frac{3095}{24}x+1140$$

## INTERPOLACIONES DE DIFERENCIA CENTRAL

Valor central: $x_0 = 30$

***Gauss hacia adelante***

| X | Y | Δy | Δ²y | Δ³y | Δ⁴y | Δ⁵y | Δ⁶y |
|---|---|---|---|---|---|---|---|
| 0 | 1140 | | | | | | |
| | | -680 | | | | | |
| 10 | 460 | | 495 | | | | |
| | | -185 | | -410 | | | |
| 20 | 275 | | 85 | | 365 | | |
| | | -100 | | -45 | | -350 | |
| 30 | 175 | | 40 | | 15 | | 385 |
| | | -60 | | -30 | | 35 | |
| 40 | 115 | | 10 | | 50 | | |
| | | -50 | | 20 | | | |
| 50 | 65 | | 30 | | | | |
| | | -20 | | | | | |
| 60 | 45 | | | | | | |

$$f(x)=y_0+u\Delta y_0+u(u-1)\frac{\Delta^2 y_{-1}}{2!}+(u-1)u(u+1)\frac{\Delta^3 y_{-1}}{3!}$$

$$e+(u+1)u(u-1)(u-2)\frac{\Delta^4 y_{-2}}{4!}+\ (u+2)(u+1)u(u-1)(u-2)\frac{\Delta^5 y_{-2}}{5!}$$

$$e+(u+2)(u+1)u(u-1)(u-2)(u-3)\frac{\Delta^6 y_{-3}}{6!}$$

**Solución**

$$u = \frac{x - x_0}{h} = \frac{x - 30}{10}$$

$$f(x) = 175 - 60\left(\frac{x-30}{10}\right) + \frac{40}{2}\left(\frac{x-30}{10}\right)\left(\frac{x-30}{10} - 1\right)$$

$$-\frac{30}{6}\left(\frac{x-30}{10} - 1\right)\left(\frac{x-30}{10}\right)\left(\frac{x-30}{10} + 1\right)$$

$$+\frac{15}{24}\left(\frac{x-30}{10} + 1\right)\left(\frac{x-30}{10}\right)\left(\frac{x-30}{10} - 1\right)\left(\frac{x-30}{10} - 2\right)$$

$$+\frac{35}{120}\left(\frac{x-30}{10} + 1\right)\left(\frac{x-30}{10} + 2\right)\left(\frac{x-30}{10}\right)\left(\frac{x-30}{10} - 1\right)\left(\frac{x-30}{10} - 2\right)$$

$$+\frac{385}{720}\left(\frac{x-30}{10} + 1\right)\left(\frac{x-30}{10} + 2\right)\left(\frac{x-30}{10}\right)\left(\frac{x-30}{10} - 1\right)\left(\frac{x-30}{10} - 2\right)\left(\frac{x-30}{10} - 3\right)$$

$$f(x) = \frac{77}{1.44x10^8}x^6 - \frac{7}{64000}x^5 + \frac{2587}{288000}x^4 - \frac{3667}{9600}x^3 + \frac{32837}{3600}x^2 - \frac{3095}{24}x + 1140$$

Valor central: $x_0 = 30$

***Gauss hacia atrás***

| X | Y | Δy | Δ²y | Δ³y | Δ⁴y | Δ⁵y | Δ⁶y |
|---|---|---|---|---|---|---|---|
| 0 | 1140 | | | | | | |
| | | -680 | | | | | |
| 10 | 460 | | 495 | | | | |
| | | -185 | | -410 | | | |
| 20 | 275 | | 85 | | 365 | | |
| | | -100 | | -45 | | -350 | |
| 30 | 175 | | 40 | | 15 | | 385 |
| | | -60 | | -30 | | 35 | |
| 40 | 115 | | 10 | | 50 | | |
| | | -50 | | 20 | | | |
| 50 | 65 | | 30 | | | | |
| | | -20 | | | | | |
| 60 | 45 | | | | | | |

$$f(x) = y_0 + u\Delta y_{-1} + u(u+1)\frac{\Delta^2 y_{-1}}{2!} + (u+1)u(u-1)\frac{\Delta^3 y_{-2}}{3!}$$

$$e + (u+2)(u+1)u(u-1)\frac{\Delta^4 y_{-2}}{4!} + (u+2)(u+1)u(u-1)(u-2)\frac{\Delta^5 y_{-3}}{5!}$$

$$e + (u+3)(u+2)(u+1)u(u-1)(u-2)\frac{\Delta^6 y_{-3}}{6!}$$

**Solución**

$$u = \frac{x - x_0}{h} = \frac{x - 30}{10}$$

$$f(x) = 175 - 100\left(\frac{x-30}{10}\right) + \frac{40}{2}\left(\frac{x-30}{10}\right)\left(\frac{x-30}{10}+1\right)$$

$$-\frac{45}{6}\left(\frac{x-30}{10}+1\right)\left(\frac{x-30}{10}\right)\left(\frac{x-30}{10}-1\right)$$

$$+\frac{15}{24}\left(\frac{x-30}{10}+2\right)\left(\frac{x-30}{10}+1\right)\left(\frac{x-30}{10}\right)\left(\frac{x-30}{10}-1\right)$$

$$-\frac{350}{120}\left(\frac{x-30}{10}+2\right)\left(\frac{x-30}{10}+1\right)\left(\frac{x-30}{10}\right)\left(\frac{x-30}{10}-1\right)\left(\frac{x-30}{10}-2\right)$$

$$+\frac{385}{720}\left(\frac{x-30}{10}+3\right)\left(\frac{x-30}{10}+2\right)\left(\frac{x-30}{10}+1\right)\left(\frac{x-30}{10}\right)\left(\frac{x-30}{10}-1\right)\left(\frac{x-30}{10}-2\right)$$

$$f(x) = \frac{77}{1.44x10^8}x^6 - \frac{7}{64000}x^5 + \frac{2587}{288000}x^4 - \frac{3667}{9600}x^3 + \frac{32837}{3600}x^2 - \frac{3095}{24}x + 1140$$

Valor central: $x_0 = 30$

***Stirling***

| X | Y | Δy | $\Delta^2$y | $\Delta^3$y | $\Delta^4$y | $\Delta^5$y | $\Delta^6$y |
|---|---|---|---|---|---|---|---|
| 0 | 1140 | | | | | | |
| | | -680 | | | | | |
| 10 | 460 | | 495 | | | | |
| | | -185 | | -410 | | | |
| 20 | 275 | | 85 | | 365 | | |
| | | -100 | | -45 | | -350 | |
| 30 | 175 | | 40 | | 15 | | 385 |
| | | -60 | | -30 | | 35 | |
| 40 | 115 | | 10 | | 50 | | |
| | | -50 | | 20 | | | |
| 50 | 65 | | 30 | | | | |
| | | -20 | | | | | |
| 60 | 45 | | | | | | |

$$f(x) = y_0 + \frac{u}{1!}\left(\frac{\Delta y_0 + \Delta y_{-1}}{2}\right) + \frac{u^2}{2!}\Delta^2 y_{-1} + \frac{u(u^2-1^2)}{3!}\left(\frac{\Delta^3 y_{-1} + \Delta^3 y_{-2}}{2}\right)$$

$$+\frac{u^2(u^2-1^2)}{4!}\Delta^4 y_{-2} + \frac{u(u^2-1^2)(u^2-2^2)}{5!}\left(\frac{\Delta^5 y_{-2} + \Delta^5 y_{-3}}{2}\right)$$

$$+\frac{u^2(u^2-1^2)(u^2-2^2)}{6!}(\Delta^6 y_{-3})$$

**Solución**

$$u = \frac{x - x_0}{h} = \frac{x-30}{10}$$

$$f(x) = 175 + \left(\frac{-100-60}{2}\right)\left(\frac{x-30}{10}\right) + \frac{40}{2}\left(\frac{x-30}{10}\right)^2$$

$$+\left(\frac{-45-30}{2}\right)\left(\frac{\left(\frac{x-30}{10}\right)\left(\left(\frac{x-30}{10}\right)^2 - 1^2\right)}{6}\right) + 15\left(\frac{\left(\frac{x-30}{10}\right)^2\left(\left(\frac{x-30}{10}\right)^2 - 1^2\right)}{24}\right)$$

$$+\left(\frac{-350+35}{2}\right)\left(\frac{\left(\frac{x-30}{10}\right)\left(\left(\frac{x-30}{10}\right)^2 - 1^2\right)\left(\left(\frac{x-30}{10}\right)^2 - 2^2\right)}{120}\right)$$

$$+385\left(\frac{\left(\frac{x-30}{10}\right)^2\left(\left(\frac{x-30}{10}\right)^2-1^2\right)\left(\left(\frac{x-30}{10}\right)^2-2^2\right)}{720}\right)$$

$$f(x)=\frac{77}{1.44x10^8}x^6-\frac{7}{64000}x^5+\frac{2587}{288000}x^4-\frac{3667}{9600}x^3+\frac{32837}{3600}x^2-\frac{3095}{24}x+1140$$

Valor central: $x_0 = 30$

***Bessel***

| X | Y | Δy | Δ²y | Δ³y | Δ⁴y | Δ⁵y | Δ⁶y |
|---|---|---|---|---|---|---|---|
| 0 | 1140 | | | | | | |
| | | -680 | | | | | |
| 10 | 460 | | 495 | | | | |
| | | -185 | | -410 | | | |
| 20 | 275 | | 85 | | 365 | | |
| | | -100 | | -45 | | -350 | |
| 30 | 175 | | 40 | | 15 | | 385 |
| | | -60 | | -30 | | 35 | |
| 40 | 115 | | 10 | | 50 | | |
| | | -50 | | 20 | | | |
| 50 | 65 | | 30 | | | | |
| | | -20 | | | | | |
| 60 | 45 | | | | | | |

$$f(x)=\frac{y_0+y_1}{2}+\left(u-\frac{1}{2}\right)\Delta y_0+\frac{u(u-1)}{2!}\frac{(\Delta^2y_{-1}+\Delta^2y_0)}{2}+\frac{u\left(u-\frac{1}{2}\right)(u-1)}{3!}\Delta^3y_{-1}$$

$$+\frac{u(u+1)(u-1)(u-2)}{4!}\frac{(\Delta^4y_{-1}+\Delta^4y_{-2})}{2}+\frac{u\left(u-\frac{1}{2}\right)(u+1)(u-1)(u-2)}{5!}\Delta^5y_{-2}$$

$$+\frac{u(u+1)(u+2)(u-1)(u-2)(u-3)}{6!}\frac{(\Delta^6y_{-2}+\Delta^6y_{-3})}{2}$$

**Solución**

$$u = \frac{x - x_0}{h} = \frac{x - 30}{10}$$

$$f(x) = \left(\frac{(175 + 115)}{2}\right) - 60\left(\frac{x - 30}{10} - \frac{1}{2}\right) + \left(\frac{(40 + 10)}{2}\right)\left(\frac{\left(\frac{x - 30}{10}\right)\left(\frac{x - 30}{10} - 1\right)}{2}\right)$$

$$- 30\left(\frac{\left(\frac{x - 30}{10}\right)\left(\frac{x - 30}{10} - \frac{1}{2}\right)\left(\frac{x - 30}{10} - 1\right)}{6}\right)$$

$$+ \frac{(15 + 50)}{2}\left(\frac{\left(\frac{x - 30}{10}\right)\left(\frac{x - 30}{10} + 1\right)\left(\frac{x - 30}{10} - 1\right)\left(\frac{x - 30}{10} - 2\right)}{24}\right)$$

$$+ 35\left(\frac{\left(\frac{x - 30}{10}\right)\left(\frac{x - 30}{10} - \frac{1}{2}\right)\left(\frac{x - 30}{10} + 1\right)\left(\frac{x - 30}{10} - 1\right)\left(\frac{x - 30}{10} - 2\right)}{120}\right)$$

$$+ \frac{385}{2}\left(\frac{\left(\frac{x - 30}{10}\right)\left(\frac{x - 30}{10} + 1\right)\left(\frac{x - 30}{10} + 2\right)\left(\frac{x - 30}{10} - 1\right)\left(\frac{x - 30}{10} - 2\right)\left(\frac{x - 30}{10} - 3\right)}{720}\right)$$

$$y = \frac{77}{2.88x10^8}x^6 - \frac{511}{9.6x10^6}x^5 + \frac{2479}{576000}x^4 - \frac{1187}{6400}x^3 + \frac{8603}{1800}x^2 - \frac{19631}{240}x + \frac{1895}{2}$$

Valor central: $x_0 = 30$

***Laplace–Everett***

| X | Y | Δy | $\Delta^2$y | $\Delta^3$y | $\Delta^4$y | $\Delta^5$y | $\Delta^6$y |
|---|---|---|---|---|---|---|---|
| 0 | 1140 | | | | | | |
| | | -680 | | | | | |
| 10 | 460 | | 495 | | | | |
| | | -185 | | -410 | | | |
| 20 | 275 | | 85 | | 365 | | |
| | | -100 | | -45 | | -350 | |
| 30 | 175 | | 40 | | 15 | | 385 |
| | | -60 | | -30 | | 35 | |
| 40 | 115 | | 10 | | 50 | | |
| | | -50 | | 20 | | | |
| 50 | 65 | | 30 | | | | |
| | | -20 | | | | | |
| 60 | 45 | | | | | | |

$$f(x) = vy_0 + \frac{v(v^2-1^2)}{3!}\Delta^2 y_{-1} + \frac{v(v^2-1^2)(v^2-2^2)}{5!}\Delta^4 y_{-2}$$

$$+\frac{v(v^2-1^2)(v^2-2^2)(v^2-3^2)}{7!}\Delta^6 y_{-3} + uy_1$$

$$+\frac{u(u^2-1^2)}{3!}\Delta^2 y_0 + \frac{u(u^2-1^2)(u^2-2^2)}{5!}\Delta^4 y_{-1}$$

$$v = 1 - u$$

**Solución**

$$u = \frac{x - x_0}{h} = \frac{x-30}{10}$$

$$v = 1 - u = 1 - \frac{x-30}{10} = \frac{40-x}{10}$$

$$f(x) = \left(\frac{40-x}{10}\right)175 + \frac{\left(\frac{40-x}{10}\right)\left(\left(\frac{40-x}{10}\right)^2 - 1^2\right)}{6}(40)$$

$$+\frac{\left(\frac{40-x}{10}\right)\left(\left(\frac{40-x}{10}\right)^2 - 1^2\right)\left(\left(\frac{40-x}{10}\right)^2 - 2^2\right)}{120}(15)$$

$$+\frac{\left(\frac{40-x}{10}\right)\left(\left(\frac{40-x}{10}\right)^2-1^2\right)\left(\left(\frac{40-x}{10}\right)^2-2^2\right)\left(\left(\frac{40-x}{10}\right)^2-3^2\right)}{5040}(385)$$

$$+\left(\frac{x-30}{10}\right)115+\frac{\left(\frac{x-30}{10}\right)\left(\left(\frac{x-30}{10}\right)^2-1^2\right)}{6}(10)$$

$$+\frac{\left(\frac{x-30}{10}\right)\left(\left(\frac{x-30}{10}\right)^2-1^2\right)\left(\left(\frac{x-30}{10}\right)^2-2^2\right)}{120}(50)$$

$$y=-\frac{11}{1.44x10^9}x^7+\frac{77}{3.6x10^7}x^6-\frac{7}{28800}x^5+\frac{1051}{72000}x^4-\frac{72869}{144000}x^3+\frac{4711}{450}x^2-\frac{3227}{24}x+1140$$

Evaluación de la electrooxidación para la remoción de materia orgánica en aguas residuales provenientes del Dren Interceptor Norte de Ciudad Juárez, Chih.[7]

Electrodo: Acero Inoxidable

Parámetro: Turbiedad

Densidad de corriente: 10 mA/cm$^2$

***Interpolación de Newton hacia adelante***

| **Tiempo (min)** | **Turbiedad UNT** |
|---|---|
| 10 | 222 |
| 30 | 102 |
| 50 | 106 |
| 70 | 88 |
| 90 | 102 |

| X | 10 | 30 | 50 | 70 | 90 |
|---|---|---|---|---|---|
| Y | 222 | 102 | 106 | 88 | 102 |

| X | Y | Δy | Δ²y | Δ³y | Δ⁴y |
|---|---|---|---|---|---|
| 10 | 222 | -120 | 124 | -146 | 200 |
| 30 | 102 | 4 | -22 | 54 | |
| 50 | 106 | -18 | 32 | | |
| 70 | 88 | 14 | | | |
| 90 | 102 | | | | |

$$f(x) = y_0 + u\frac{\Delta y_0}{1!} + u(u-1)\frac{\Delta^2 y_0}{2!} + u(u-1)(u-2)\frac{\Delta^3 y_0}{3!}$$

$$+u(u-1)(u-2)(u-3)\frac{\Delta^4 y_0}{4!}$$

**Solución**

$$u = \frac{x - x_0}{h} = \frac{x-10}{20}$$

$$f(x) = 222 - 120\left(\frac{x-10}{20}\right) + \frac{124}{2}\left(\frac{x-10}{20}\right)\left(\frac{x-10}{20} - 1\right)$$

$$-\frac{146}{6}\left(\frac{x-10}{20}\right)\left(\frac{x-10}{20} - 1\right)\left(\frac{x-10}{20} - 2\right)$$

$$+\frac{200}{24}\left(\frac{x-10}{20}\right)\left(\frac{x-10}{20} - 1\right)\left(\frac{x-10}{20} - 2\right)\left(\frac{x-10}{20} - 3\right)$$

$$f(x) = \frac{1}{19200}x^4 - \frac{91}{8000}x^3 + \frac{263}{300}x^2 - \frac{2269}{80}x + \frac{6861}{16}$$

***Interpolación de Newton hacia atrás***

| X | Y | Δy | Δ²y | Δ³y | Δ⁴y |
|---|---|---|---|---|---|
| 10 | 222 | | | | |
| 30 | 102 | -120 | | | |
| 50 | 106 | 4 | 124 | | |
| 70 | 88 | -18 | -22 | -146 | |
| 90 | 102 | 14 | 32 | 54 | 200 |

$$f(x) = y_n + u\frac{\nabla y_n}{1!} + u(u+1)\frac{\nabla^2 y_n}{2!} + u(u+1)(u+2)\frac{\nabla^3 y_n}{3!}$$

$$+ u(u+1)(u+2)(u+3)\frac{\nabla^4 y_n}{4!}$$

**Solución**

$$u = \frac{x - x_0}{h} = \frac{x - 90}{20}$$

$$f(x) = 102 + 14\left(\frac{x-90}{20}\right) + \frac{32}{2}\left(\frac{x-90}{20}\right)\left(\frac{x-90}{20}+1\right)$$

$$+\frac{54}{6}\left(\frac{x-90}{20}\right)\left(\frac{x-90}{20}+1\right)\left(\frac{x-90}{20}+2\right)$$

$$+\frac{200}{24}\left(\frac{x-90}{20}\right)\left(\frac{x-90}{20}+1\right)\left(\frac{x-90}{20}+2\right)\left(\frac{x-90}{20}+3\right)$$

$$f(x) = \frac{1}{19200}x^4 - \frac{91}{8000}x^3 + \frac{263}{300}x^2 - \frac{2269}{80}x + \frac{6861}{16}$$

## INTERPOLACIONES DE DIFERENCIA CENTRAL

Valor central: $x_0 = 50$

***Gauss hacia adelante***

| X | Y | Δy | $\Delta^2$y | $\Delta^3$y | $\Delta^4$y |
|---|---|---|---|---|---|
| 10 | 222 | | | | |
| | | -120 | | | |
| 30 | 102 | | 124 | | |
| | | 4 | | -146 | |
| 50 | 106 | | -22 | | 200 |
| | | -18 | | 54 | |
| 70 | 88 | | 32 | | |
| | | 14 | | | |
| 90 | 102 | | | | |

$$f(x) = y_0 + u\Delta y_0 + u(u-1)\frac{\Delta^2 y_{-1}}{2!} + (u-1)u(u+1)\frac{\Delta^3 y_{-1}}{3!}$$

$$+ (u+1)u(u-1)(u-2)\frac{\Delta^4 y_{-2}}{4!}$$

**Solución**

$$u = \frac{x - x_0}{h} = \frac{x - 50}{20}$$

$$f(x) = 106 - 18\left(\frac{x-50}{20}\right) - \frac{22}{2}\left(\frac{x-50}{20}\right)\left(\frac{x-50}{20} - 1\right)$$

$$+\frac{54}{6}\left(\frac{x-50}{20} - 1\right)\left(\frac{x-50}{20}\right)\left(\frac{x-50}{20} + 1\right)$$

$$+\frac{200}{24}\left(\frac{x-50}{20} + 1\right)\left(\frac{x-50}{20}\right)\left(\frac{x-50}{20} - 1\right)\left(\frac{x-50}{20} - 2\right)$$

$$f(x) = \frac{1}{19200}x^4 - \frac{91}{8000}x^3 + \frac{263}{300}x^2 - \frac{2269}{80}x + \frac{6861}{16}$$

Valor central: $x_0 = 50$

***Gauss hacia atrás***

| X | Y | Δy | Δ²y | Δ³y | Δ⁴y |
|---|---|---|---|---|---|
| 10 | 222 | | | | |
| | | -120 | | | |
| 30 | 102 | | 124 | | |
| | | 4 | | -146 | |
| 50 | 106 | | -22 | | 200 |
| | | -18 | | 54 | |
| 70 | 88 | | 32 | | |
| | | 14 | | | |
| 90 | 102 | | | | |

$$f(x) = y_0 + u\Delta y_{-1} + u(u+1)\frac{\Delta^2 y_{-1}}{2!} + (u+1)u(u-1)\frac{\Delta^3 y_{-2}}{3!}$$

$$+ (u+2)(u+1)u(u-1)\frac{\Delta^4 y_{-2}}{4!}$$

**Solución**

$$u = \frac{x - x_0}{h} = \frac{x - 50}{20}$$

$$f(x) = 106 + 4\left(\frac{x-50}{20}\right) - \frac{22}{2}\left(\frac{x-50}{20}\right)\left(\frac{x-50}{20}+1\right)$$

$$-\frac{146}{6}\left(\frac{x-50}{20}+1\right)\left(\frac{x-50}{20}\right)\left(\frac{x-50}{20}-1\right)$$

$$+\frac{200}{24}\left(\frac{x-50}{20}+2\right)\left(\frac{x-50}{20}+1\right)\left(\frac{x-50}{20}\right)\left(\frac{x-50}{20}-1\right)$$

$$f(x) = \frac{1}{19200}x^4 - \frac{91}{8000}x^3 + \frac{263}{300}x^2 - \frac{2269}{80}x + \frac{6861}{16}$$

Valor central: $x_0 = 50$

***Stirling***

| X | Y | Δy | Δ²y | Δ³y | Δ⁴y |
|---|---|---|---|---|---|
| 10 | 222 | | | | |
| | | -120 | | | |
| 30 | 102 | | 124 | | |
| | | 4 | | -146 | |
| 50 | 106 | | -22 | | 200 |
| | | -18 | | 54 | |
| 70 | 88 | | 32 | | |
| | | 14 | | | |
| 90 | 102 | | | | |

$$f(x) = y_0 + \frac{u}{1!}\left(\frac{\Delta y_0 + \Delta y_{-1}}{2}\right) + \frac{u^2}{2!}\Delta^2 y_{-1} + \frac{u(u^2-1^2)}{3!}\left(\frac{\Delta^3 y_{-1} + \Delta^3 y_{-2}}{2}\right)$$

$$+\frac{u^2(u^2-1^2)}{4!}\Delta^4 y_{-2}$$

**Solución**

$$u = \frac{x - x_0}{h} = \frac{x - 50}{20}$$

$$f(x) = 106 + \left(\frac{4 - 18}{2}\right)\left(\frac{x - 50}{20}\right) - \frac{22}{2}\left(\frac{x - 50}{20}\right)^2$$

$$+\left(\frac{-146 + 54}{2}\right)\left(\frac{\left(\frac{x - 50}{20}\right)\left(\left(\frac{x - 50}{20}\right)^2 - 1^2\right)}{6}\right)$$

$$+200\left(\frac{\left(\frac{x - 50}{20}\right)^2\left(\left(\frac{x - 50}{20}\right)^2 - 1^2\right)}{24}\right)$$

$$f(x) = \frac{1}{19200}x^4 - \frac{91}{8000}x^3 + \frac{263}{300}x^2 - \frac{2269}{80}x + \frac{6861}{16}$$

Valor central: $x_0 = 50$

***Bessel***

| X | Y | Δy | $\Delta^2$y | $\Delta^3$y | $\Delta^4$y |
|---|---|---|---|---|---|
| 10 | 222 | | | | |
| | | -120 | | | |
| 30 | 102 | | 124 | | |
| | | 4 | | -146 | |
| 50 | 106 | | -22 | | 200 |
| | | -18 | | 54 | |
| 70 | 88 | | 32 | | |
| | | 14 | | | |
| 90 | 102 | | | | |

$$f(x) = \frac{y_0 + y_1}{2} + \left(u - \frac{1}{2}\right)\Delta y_0 + \frac{u(u-1)}{2!}\frac{(\Delta^2 y_{-1} + \Delta^2 y_0)}{2} + \frac{u\left(u - \frac{1}{2}\right)(u-1)}{3!}\Delta^3 y_{-1}$$

$$+\frac{u(u+1)(u-1)(u-2)}{4!}\frac{(\Delta^4 y_{-1} + \Delta^4 y_{-2})}{2}$$

**Solución**

$$u = \frac{x - x_0}{h} = \frac{x - 50}{20}$$

$$f(x) = \left(\frac{(106 + 88)}{2}\right) - 18\left(\frac{x - 50}{20} - \frac{1}{2}\right) + \left(\frac{(-22 + 32)}{2}\right)\left(\frac{\left(\frac{x - 50}{20}\right)\left(\frac{x - 50}{20} - 1\right)}{2}\right)$$

$$+ 54\left(\frac{\left(\frac{x - 50}{20}\right)\left(\frac{x - 50}{20} - \frac{1}{2}\right)\left(\frac{x - 50}{20} - 1\right)}{6}\right)$$

$$+ \frac{200}{2}\left(\frac{\left(\frac{x - 50}{20}\right)\left(\frac{x - 50}{20} + 1\right)\left(\frac{x - 50}{20} - 1\right)\left(\frac{x - 50}{20} - 2\right)}{24}\right)$$

$$f(x) = \frac{1}{38400}x^4 - \frac{41}{8000}x^3 + \frac{1633}{4800}x^2 - \frac{719}{80}x + \frac{5847}{32}$$

Valor central: $x_0 = 30$

***Laplace–Everett***

| X | Y | Δy | Δ²y | Δ³y | Δ⁴y |
|---|---|---|---|---|---|
| 10 | 222 | | | | |
| | | -120 | | | |
| 30 | 102 | | 124 | | |
| | | 4 | | -146 | |
| 50 | 106 | | -22 | | 200 |
| | | -18 | | 54 | |
| 70 | 88 | | 32 | | |
| | | 14 | | | |
| 90 | 102 | | | | |

$$f(x) = vy_0 + \frac{v(v^2 - 1^2)}{3!}\Delta^2 y_{-1} + \frac{v(v^2 - 1^2)(v^2 - 2^2)}{5!}\Delta^4 y_{-2}$$

$$uy_1 + \frac{u(u^2 - 1^2)}{3!}\Delta^2 y_0$$

$$v = 1 - u$$

**Solución**

$$u = \frac{x - x_0}{h} = \frac{x - 50}{20}$$

$$v = 1 - u = 1 - \frac{x - 50}{20} = \frac{70 - x}{20}$$

$$f(x) = \left(\frac{70 - x}{20}\right) 106 + \frac{\left(\frac{70 - x}{20}\right)\left(\left(\frac{70 - x}{20}\right)^2 - 1^2\right)}{6}(-22)$$

$$+ \frac{\left(\frac{70 - x}{20}\right)\left(\left(\frac{70 - x}{20}\right)^2 - 1^2\right)\left(\left(\frac{70 - x}{20}\right)^2 - 2^2\right)}{120}(200)$$

$$+ \left(\frac{x - 50}{20}\right) 88 + \frac{\left(\frac{x - 50}{20}\right)\left(\left(\frac{x - 50}{20}\right)^2 - 1^2\right)}{6}(32)$$

$$f(x) = -\frac{1}{1920000}x^5 + \frac{7}{38400}x^4 - \frac{1121}{48000}x^3 + \frac{6583}{4800}x^2 - \frac{11891}{320}x + \frac{15297}{32}$$

## 6. Observaciones respectivas a los métodos

Recordando que la interpolación se refiere al procedimiento que permite encontrar un número en el eje de las ordenadas, identificado frecuentemente como "y", a partir de otro con el que se corresponde en las abscisas, eje "x".

1. Las funciones interpoladoras calculadas, conocidas igualmente como polinomios interpoladores, son idénticos para Newton hacia adelante, Newton hacia atrás, Gauss hacia adelante, Gauss hacia atrás y Stirling, los tres últimos fundamentados en diferencias finitas centrales.

2. La prosecución de lo anterior alertaría al principiante respecto a la redundancia de las expresiones resultantes ¿Qué propósito tendría obtener exactamente los mismos polinomios? Antes de intentar responder a ese cuestionamiento moderadamente es necesario entender que la función construida no se deberá reducir hasta el polinomio de grado concerniente, por ejemplo, sexto para siete pares de cifras.

3. Por el contrario, **durante** esa simplificación o reducción, como se reconoce, se deberá sustituir la "x" por el valor para el cual deseamos conseguir su respectivo número en "y", a saber, realizando la interpolación al mismo tiempo.

4. La justificación en la diversidad de métodos, a pesar de que generen exactamente los mismos polinomios en algunos ya mencionados, atiende al menos a tres aspectos: 1) regiones de uso preferenciales, 2) intervalos de validez y 3) error, el cual no fue ni tampoco será tratado.

5. El orden en el que se escribieron supone comentarios relevantes:

   5.1. Las fórmulas son de utilidad si el incremento en cada espacio numérico comprendido por dos datos sobre "x" posee la misma magnitud. La condición cuenta con término sustituible: igualmente espaciados o equiespaciados. Verbigracia $x_0 = 10$, $x_1 = 20$ y $x_2 = 30$.

   5.2. Las cantidades que se pretenden interpolar, localizadas en "x", están más próximas al principio, final o centro del conjunto tabulado de "x" y "y". El procedimiento en esos casos emplea Newton hacia adelante, Newton hacia atrás o diferencias centrales, respectivamente.

5.3. Gauss hacia adelante, así como Gauss hacia atrás conforman una base y "plataforma" para la formulación de Bessel, Stirling y Laplace–Everett. Consecuentemente, podrían ser menos aplicadas que estas últimas.

5.4. Los rangos de "u" **más beneficiosos** son:

| **Método** | **Escenario en u** |
|---|---|
| Gauss hacia adelante | $0 \leq u \leq 1/2$ |
| Gauss hacia atrás | $-1 \leq u \leq 0$ |
| Stirling | $-1/4 \leq u \leq 1/4$ |
| Bessel | $1/4 < u < 3/4$ |
| Laplace–Everett | $u \leq 3/4$ o bien $v \geq 1/4$ |

Evocando a "u" y "v":

$$u = \frac{x - x_0}{h}$$

$$v = 1 - u$$

## 7. Referencias bibliográficas

La siguiente enumeración es atinente a los trabajos escritos de proyecto de titulación 2 como versión final reconocida por los estudiantes. *La participación, validación y supervisión* para efectos de cumplimiento de los requisitos instaurados por la asignatura, integrada a la currícula de la UACJ en México, *fue llevada a cabo por el asesor quien es el autor de este libro.*


1. Solórzano Hernández, Joel Alberto. *Tratamiento de agua residual proveniente del lavado de piezas metálicas de una empresa metalmecánica por medio de electrocoagulación.* Mayo 2020.

2. Zamarripa Reyes, Mitzy Joceline. *Electrooxidación de aguas residuales procedentes de lavado de trastes en cafetería del sector industrial.* Noviembre 2022.

3. Morales Galicia, Linda Estefany. *Electrooxidación de aguas residuales provenientes de la mezcla del dren 2A y el dren interceptor norte de Ciudad Juárez, Chihuahua.* Mayo 2023.

4. Reyes Leony, Paulina. *Electrooxidación de aguas residuales procedente de cafeterías y cocina del sector industrial en Ciudad Juárez.* Mayo 2022.

5. Ordinola Domínguez, Pedro Iván. *Coagulación y electrooxidación para el tratamiento de agua residual de una maquiladora del giro automotriz.* Noviembre 2023.

6. Sánchez Juárez, Perla Rubí. *Electrooxidación de aguas residuales sintéticas preparadas con tres colorantes para el teñido de ropa.* Mayo 2023.

7. Ortiz García, Ricardo. *Evaluación de la electrooxidación para la remoción de materia orgánica en aguas residuales provenientes del Dren Interceptor Norte de Ciudad Juárez, Chih.* Noviembre 2023.

**Nota:** *Únicamente los datos generados experimentalmente relativos a un solo parámetro, provenientes de exclusivamente una corrida experimental, se utilizaron para el tratamiento con cada uno de los métodos numéricos de interpolación que se presentaron.*

www.ingramcontent.com/pod-product-compliance
Lightning Source LLC
LaVergne TN
LVHW050423160826
845677LV00002BA/505

* 9 7 9 8 8 9 2 4 8 8 0 0 6 *